가족여행전문가 홍반장의

아빠와 함께 하는
주말 나들이

아빠와 함께하는
가족여행전문가 홍반장의
주말 나들이

'회사 다니며 돈 버느라 바쁜 아빠들에게 아이들을 데리고 나들이를 떠날 수 있는 초
간단 비법이 있다면 얼마나 좋을까?'

'어떤 테마로 어디로 나들이를 떠나면 좋을지 도와주는 우렁각시는 없을까?'

바쁜 회사 생활을 하다 보면 아이들과 함께 여행을 떠나기도 쉽지 않지만 여행을 준비
하는 것 역시 쉽지 않습니다. 이 책은 '바쁜 아빠들을 위한 맞춤형 나들이 정보 책이
하나 있다면 얼마나 좋을까' 라는 생각에서 출발했습니다.

저는 16년째 IT컨설턴트를 직업으로 회사를 다니고 있는 평범한 샐러리맨입니다. 맞
벌이를 하고 있기 때문에 평일에는 아이들과 함께 지낼 수 있는 시간이 거의 없습니
다. 어느 주말, 소파에서 뒹굴다 보니 어느새 아이가 쑥 자라 있었습니다. 아빠로서 아
이에게 무엇을 해줄까 생각하지 않을 수 없었지요. 주말은 아이들을 위한 시간으로 정
했습니다. 그래서 가까운 박물관이나 식물원을 다니기 시작하여 멀리 울릉도까지 여
행을 하게 되었습니다. 심지어 15년 된 텐트와 집에서 사용하던 취사도구, 이불을 싸
들고 전국일주 캠핑여행도 다녀왔지요.

그러기를 10여 년. 그러던 어느 날, 블로그 포스팅을 시작했습니다. 이 책의 제목 '아
빠와 함께하는 주말 나들이' 가 바로 제 네이버 블로그 이름입니다. 정성스럽게 올린
포스트들은 아이를 키우는 분들로부터 큰 공감을 얻었습니다. 덕분에 블로그 시작 1
년 만에 네이버 여행부문 파워블로그에 선정되는 영광을 얻었습니다. 많은 분들이 실
제 아이를 데리고 어디로 나들이를 가면 좋을지 고민하면서 우렁각시가 나타나기를
기다리고 있었던 것입니다.

아이들은 모든 것을 놀이로 생각합니다. 놀면서 배우는 아이들은 심신이 건강합니다.

아빠와 함께하는 주말 나들이가 많을수록 아이들의 웃음소리는 그만큼 높아지고 가정의 행복지수도 올라갑니다. 블로그를 운영하면서 많은 일들이 있었지만 가장 인상 깊었던 일은 아내와 이혼까지 생각했던 한 분이 제 여행 후기를 보고 아이들 손을 잡고 나들이를 시작, 아주 화목한 가정을 이루었다는 것입니다. 먼 곳에서 찾아와 고맙다는 말을 했을 때 가족과 함께하는 여행이 얼마나 소중한지 다시 한 번 깨달았습니다.

이 책에 나오는 추천 여행지 144곳은 지난 10년간 아이들을 데리고 나들이를 갈 때마다 신중하게 결정해서 다녀온 곳들 중 일부를 각 테마별로 묶은 것입니다. 1년은 52주. 한 달에 한 번이라도 이 책에 나오는 다양한 테마로 아이와 함께 나들이를 떠난다면 이미 행복한 아빠입니다. 부디 이 책이 회사 생활로 바쁜 아빠들이 아이들을 데리고 훌쩍 나들이를 떠날 수 있는 계기가 될 수 있기를 기대합니다.

이 책이 나올 수 있도록 사랑과 응원을 아끼지 않은 가족에게 감사드립니다. 특히 아이를 늘 보살펴 주시는 어머니, 맞벌이를 하면서 아이들과 함께 나들이를 할 때 눈높이를 맞춰준 아내, 이 책에 멋진 사진을 넣을 수 있도록 모델이 되어준 규리와 동우, 이 책을 위한 마지막 여행 때 깜빡 잊고 간 사진기를 멀리 동해안까지 들고 온 우연과 경수, 감사합니다. 또 책이 세상에 나와 빛을 볼 수 있도록 기회를 주신 생각을담는집 임후남 대표님과 이선일 님께 무한한 감사를 드립니다. 그리고 늘 '홍반장'과 소통하며 우리 가족의 나들이를 응원하고 사랑해 주신 블로그 이웃들께 진심으로 감사드립니다.

2011년 5월 홍반장 김홍수

| 목차 |

01
성공적인
주말 나들이 노하우

주말 나들이 따라하기

- 주말 나들이에도 전략이 필요하다

- 여행 일정 짜기 노하우

- 주말 나들이 테마 선택

- 숙소 잡기 노하우

- 맛집 찾기 노하우

"아빠, 우리 주말에 어디 가요?". 이 질문에 명쾌하게 답할 수 있는 아빠는 그리 많지 않다. 주말에도 회사에 출근하는 아빠가 있는 가 하면, 주말만이라도 늦잠 한번 자면서 푹 쉬고 싶어하는 아빠도 있다. 오랜만에 아이와 함께 주말 나들이를 계획하더라도 마땅한 곳이 떠오르지 않아 고민하는 아빠도 있다. 결국 인터넷 검색 창에 '주말 추천 여행지' '주말에 가볼 만한 곳' '아이들이 좋아하는 곳' 등의 검색어를 입력해 봐도 결과는 그리 만족스럽지 못하다. 성공적인 '아이와의 주말 나들이' 노하우.

아이를 데리고 나갈 때는 아이 눈높이에 맞는 선택이 중요하다. 사진은 국립현대미술관.

주말 나들이에도 전략이 필요하다

나들이를 언제 가야 하고, 어디를 가는 것이 좋을 것인지, 어떤 테마로 나들이
일정을 잡을 것인지, 숙박과 교통은 어떻게 할 것인지, 식사는 어디를 가서 어
떤 것을 먹을지 등에 대한 계획이 필요하다. 아빠가 먼저 알아야 할 것은 자세
한 여행 정보보다도 우리 아이들에게 잘 맞는 나들이 스타일은 어떤 것인가

이다.

아이들 눈높이에 맞는 테마를 선정

아이들 입장에서 보면 유명한 관광지나 거창한 볼거리가 있는 장소보다는 관심을 가질 수 있는 놀거리가 있는 곳이나 체험을 할 수 있는 곳이 좋다. 계절별로 갈 수 있는 곳도 꼼꼼하게 찾아야 한다. 날씨가 따뜻한 날에는 가까운 공원에서 돗자리를 펴고 김밥을 먹으면서 뛰어노는 것이 좋다. 그러나 비가 오거나 날씨가 쌀쌀하면 박물관이나 미술관 같은 실내 전시장을 찾아가 체험학습에 참여하는 것이 좋다.

아이들과 함께 노는 것이 가장 중요

나들이 장소를 정하고 일정을 정하는 아빠 입장에서 보면 늘 새로운 곳을 가고 싶고 독특한 곳에 가서 많은 것을 아이들에게 보여 주기를 원한다. 하지만 아이들은 어디를 가든지 그 속에서 놀이를 찾을 때 즐거워한다. 가까운 곳을 가더라도 아이들이 좋아하는 곳에서 더 많은 시간을 할애하여 뛰어놀 수 있도록 하고, 부모도 아이들과 함께 놀 때 아이들은 행복해 한다. 중요한 것은 부모가 '아이들과 놀아주는 것'이 아닌 '아이들과 함께 노는 것'이라는 마음가짐이다.

최대한 차가 막히는 시간을 피해라

차가 막히는 시간을 피해서 나들이를 가는 것이 가장 좋은 나들이 방법이다. 예를 들어 서울에서 4시간 소요되는 장거리 여행을 할 때 새벽 4시에 출발하면 차가 전혀 막히지 않아 여행지에 도착을 해서 아침식사를 할 수 있다. 하지만 이런저런 아이들 준비물 챙기느라 아침 10시에 출발을 했다면 교통 체증으로 인해 오후 4시가 넘어 도착을 하고 만다.

이른 시간에 출발했더라도 어쩔 수 없이 차가 막히는 경우에는 차 안에서 아이들과 함께 할 수 있는 놀이를 몇 가지 준비하거나, 아이들이 좋아할 만한 노래 CD를 준비해서 함께 노래를 부르면서 가도 좋을 것이다.

무리한 나들이는 금물

가족 중 한 명이라도 몸 상태가 좋지 않을 경우에는 과감하게 나들이를 취소하는 것이 좋다. 많은 부모들이 경험을 했겠지만 아이들과 주말에 나들이를 가기로 해 놓고 하루 전이나 당일 날 취소를 하면 아이들이 울고불고 야단이다. 특히 아빠가 피곤해서 못가는 경우에는 더 야단이다. 아이들과 약속을 했다면 주말 나들이 떠나기 전날에는 약속을 잡지 않는 것이 가장 현명한 선택일 것이다.

아이들 식사 시간은 꼭 지킨다

아이들이 어릴 때는 이동 중에 아이가 잠들어 식사 때를 놓치는 경우도 있다. 특히 시간이 정해져 있는 일몰이나 일출을 보려고 할 때 그런 경우가 많다. 하지만 무엇을 보기 위해 혹은 도착을 목표로 식사 시간을 앞두고 너무 무리하게 이동하지 않는 것이 좋다. 아이들은 식사를 제때하고 잠시 쉬는 것만으로 에너지가 충전되기 때문이다.

여행 일정 짜기 노하우

아이들과 여행을 떠날 때는 어떤 일정으로 떠나느냐에 따라 준비해야 할 사항이 다르다. 우리 가족만 조촐하게 여행을 떠날 때에는 목적지를 정하고 일정에 따라 그곳에서 둘러볼 만한 여행지 정보와 음식점 정보를 간단하게 메모를 하고 간다. 대부분 주말에 여행을 떠나는 것이므로 평일에 메모지에 지역 명칭, 주변 가볼 만한 여행지, 그 지역의 토속음식, 아이들 체험놀이, 음식점 이름 등을 적어둔다. 준비한 내용을 바탕으로 블로그나 인터넷 검색을 통해 관심이 가는 곳을 미리 선정한다. 요즘은 여행 중에 스마트폰으로 여행지나 유명한 맛집을 검색해서 활용하기도 한다.

어디를 가서 어떻게 돌아야 할지 동선은 정하지 않더라도 지도상에서 우리가 가고 싶은 곳이 어디인지 표시는 하는 것이 좋다. 특히 1박2일 이상의 여행일 경우에는 출발하기 전에 동선을 정하지 않고 현지에서 아이들의 상태와 시간을 고려하여 현지에서 동선을 결정한다. 아이들이 활기에 넘치고 가고 싶은 곳을 적극적으로 이야기하면 보다 활동적이고 동적인 놀이를 할 수 있는 곳을 선택하지만, 아이들이 힘들어하고 몸이 좋지 않을 때는 실내에서 차분하게 관람할 수 있는 곳을 우선적으로 관람한다. 즉 아이들이 힘들어하면 쉬엄쉬엄 놀이를 할 수 있는 곳을 방문하거나 탈 것을 이용하고, 상태가 좋고 뛰어다니면서 숲길을 걷는다든지 아니면 해변을 걷는 등의 체력 소모가 많은 것을 선택한다.

편안한 마음으로 다녀오는 당일치기 주말 나들이

당일치기로 나들이를 할 경우에 가까운 박물관이나 전시관을 가더라도 아침 10시 정도에는 도착한다는 마음으로 조금 서두르는 것이 좋다. 보통 유명 박물관에는 점심이 되기 전에 많은 사람들이 방문을 시작하기 때문이다. 그렇다고 언제나 아침 일찍 나들이를 떠나는 것은 아니다. 아이들이 컨디션이 좋지 않을 경우에는 오전은 쉬고 오후에 가까운 어린이 동물원이나 공원으로 산책을 가서 두어 시간 정도 나들이를 하는 것이 오히려 좋다.

아침에 일찍 출발해서 다음 날 늦게 돌아오는 1박2일 지방 여행

1박2일로 4시간 이상 떨어진 곳으로 여행을 갈 경우라면 무조건 새벽 4시에 출발하는 것이 좋다. 아이들을 데리고 나들이를 갈 때 아침 식사를 하고 옷을 챙기고 하다 보면 훌쩍 10시를 넘기기 일쑤다. 부랴부랴 집을 나서면 도로에는 이미 차들이 꽉 차 있다. 이쯤되면 슬슬 여행을 떠나야 되나 말아야 되나 하

1박2일 이상의 여행에 아이들의 상태와 조건 등에 따라 유연하게 결정하는 것이 좋다. 사진은 울릉도 도동해안산책로.

는 생각까지 들 정도다. 따라서 일찍 나서는 것만이 최선이다.

새벽 4시에 출발하려면 전날 여행 준비물을 모두 챙겨서 차에 실어 놓고 아이들은 아예 입고 갈 옷을 입혀서 재우고 새벽에 자는 상태에서 차에 태운다. 우리 가족은 보통 승용차 뒷좌석을 침대칸으로 만든다. 여행가방을 의자 앞에 놓고 위에는 캠핑용 발포매트를 깔아서 바닥을 평평하게 하고 침낭이나 이불을 깔아주면 아이들은 편히 잠을 자면서 여행할 수 있다.

친구·가족 등 여러 명이 떠나는 2박3일 체험 여행

여러 가족이 함께 여행을 떠날 때에는 모든 일정을 여행 동선에 맞추어 꼼꼼하게 준비를 해야 한다. 특히 식당은 예약을 해서 정해진 시간에 식사를 하고 다음 여행지로 나서는 것이 좋다. 예약을 하지 않으면 길게 늘어선 대기자 사이에서 많은 시간을 버릴 수도 있기 때문이다.

아이들 체험이나 관람시간도 마찬가지다. 사전 예약을 할 수 있다면 예약을 하는 것이 좋다.

연휴에 떠나는 한적한 3박4일 섬 여행

배를 타고 여행을 할 경우에는 일기예보를 주시하고 예약을 하는 것이 좋다. 하지만 여객선일 경우에는 두세 달 전에 예약을 해야 하기 때문에 좋은 날씨를 만나는 것은 정말 하늘의 뜻에 맡길 수밖에 없다. 바람이 불고 눈이 오는 경우에는 예약한 여객선을 취소해야겠지만, 바람이 불지 않고 보슬보슬 비가 오는 정도라면 여행을 떠나는 것이 좋다. 배 멀미약과 상비약을 꼼꼼하게 챙기는 것은 기본. 섬은 도시처럼 약국을 편하게 이용할 수 있는 곳이 아니기 때문이다.

숙소도 잘 챙겨야 한다. 한 곳에서 며칠 동안 머물 것인지, 아니면 숙소를 옮길 것인지에 대한 선택이 필요하다. 그러나 아이들과 여행을 떠날 경우에는 짐이 많기 때문에 숙소를 자주 옮기지 않는 것이 좋다.

주말 나들이 테마 선택

아이들은 동네 놀이터에서 노는 것만으로도 즐겁고 신이 난다. 그러므로 아이가 아주 어릴 경우에는 멀리 여행을 가는 것보다는 놀이터나 가까운 공원에 가는 것이 좋다. 커가면서 아이들은 보고 듣는 것에 따라 호기심도 많아지고

영월 한반도뗏목마을은 직접 노를 저어볼 수 있어 아이들에게 인기 만점이다.

보고 싶은 것도 많아지게 된다. 이렇게 아이들의 관심사가 조금씩 넓어질 때 집에서 떨어진 곳으로 나들이를 가는 것이 좋으며 장소도 가까운 동물원, 박물관이 좋다.

꼭 입장료를 내고 들어가야 하는 곳은 갈 필요는 없다. 고수부지 공원에만 가더라도 공놀이, 원반던지기, 연날리기 등 수많은 놀이들이 아이들을 기다리고 있다. 아이가 좋아하고 관심 있는 것을 보여주고 싶은 것은 모든 부모의 같은 심정일 것이다. 아이가 공룡에 관심이 있을 때는 공룡박물관, 생물에 관심이 많을 때는 국립생물자원관, 별에 대한 관심이 많을 때는 천문대로 한나절 나들이를 떠나면 아이들이 더 흥미로운 시간을 보낼 수 있을 것이다. 아이들은 어디를 가든지 놀이터라는 생각을 한다. 비슷한 테마보다는 다양한 테마를 선택해서 나들이를 떠나보자.

숙소 잡기 노하우

우리 가족은 여행을 할 때 일정을 정하지 않고 여행하는 것을 좋아하는 편이다. 그래서 우리끼리 여행을 떠날 때는 숙박 예약을 거의 하지 않는 편이다. 여행을 하는 동안에 아이들이 좋아하면 그곳에서 더 오래 머물며 시간을 보내기 때문이다. 그러다 보니 성수기를 제외하고는 예약을 하지 않고 가는 경우가 대부분이다. 물론 다른 가족과 함께 여행을 하면 펜션, 리조트, 호텔 등을 미리 예약하고 간다.

여행을 어떻게 할 것이냐에 따라 숙박 선택이 달라진다. 잠시 잠만 자기 위해서라면 저렴한 민박을 선호할 것이고, 밤에 바비큐도 해 먹으며 편히 쉬고 싶다면 펜션이 어울릴 것이다. 우리 조상들의 건축방식에 대한 지혜를 배우고 싶다면 한옥이나 초가집 체험도 좋다.

숙소는 보통 인터넷 검색을 이용해서 찾는다. 인터파크나 11번가 같은 중대형몰에서 예약을 하거나 예약 전문몰을 이용하기도 한다. 한국관광공사의 굿스테이, 베니키아, 한옥 검색 사이트를 이용하는 것도 좋은 선택이 될 수 있다.

가벼운 마음으로 예약 없이 이용하는 민박

숙소를 미리 예약할 경우에는 예약해 놓은 숙소까지 이동하는 데 적잖은 시간이 걸리는 경우가 많다. 이러다 보니 예약을 하지 않고도 언제든지 여행지 인근에서 쉽게 구할 수 있는 민박을 자주 이용한다. 여행지에서 민박을 발견하면 간판에 적혀 있는 전화번호로 전화를 해서 방이 있는지, 가격은 적당한지 확인한 후에 방 상태를 확인하고 숙박여부를 최종 결정한다. 대부분의 경우 이때 방값을 조금씩 흥정해서 깎기도 한다.

두둑두둑 비 떨어지는 소리가 너무도 좋은 텐트

텐트의 종류에 따라 다소 정도의 차이가 있겠지만 텐트에서의 생활은 일반적으로 불편하다. 하지만 아이들은 텐트에서 생활하는 것을 아주 색다른 경험으로 생각한다. 텐트 위로 떨어지는 두둑두둑 빗소리와 텐트 주위로 흩날리는 낙엽의 바스락거리는 소리를 들으며 잠들 수 있다는 것은 아주 행복한 일이다.

단체로 여행할 경우에 적합한 콘도 또는 리조트

부모님을 모시고 떠나는 여행이나 모임에서 여러 가족이 함께 여행을 갈 때에는 콘도나 리조트가 가장 좋다. 숙소의 넓은 거실에 모여 담소를 나눌 수도 있고 리조트 안에 마련된 식당이나 편의시설을 이용할 수 있기 때문. 콘도나 리

여러 가족이 단체 여행을 갔을 때는 콘도나 리조트, 펜션이 적합하다. 사진은 울릉도 대아리조트 전경.

조트는 회원권을 가지고 있지 않을 경우에는 인터넷 예약 서비스를 이용해 보자. 요즘은 회사에서도 직원들 복지 차원에서 숙박 이용권을 제공하고 있으므로 비수기라면 가까운 지인에게 부탁을 하는 것도 좋을 것이다.

기념일을 인상적으로 보내고 싶을 때

특별한 기념일이 아닌 경우에는 호텔을 이용하기 쉽지 않다. 그러나 호텔이라고 다 비싼 것만은 아니다. 지방은 의외로 비싸지 않은 경우도 많다. 일 년에 여행하는 횟수가 많지 않거나 기념일을 인상적으로 보내고 싶다면 호텔을 선택하는 것도 좋다. 호텔은 온돌과 침대 타입이 있어 아이들과 함께 여행할 때는 온돌방을 예약하는 것이 좋다. 여러 가족이 여행을 갔을 때 가족 당 객실 하나씩 배정을 하면 가족끼리 오붓하게 지낼 수 있기도 하다.

가족 단위의 오붓한 바비큐 파티에 어울리는 펜션

전원주택의 편안한 밤의 정취를 느낄 수 있는 펜션이 전국에 많다. 여러 가족이 한 곳에 모여 음식도 먹고 담소를 나누려면 펜션이 더 적합하다. 그러나 여행지에 도착해서 펜션을 잡기는 힘들다. 펜션은 인터넷 홈페이지나 대행사를 통해 예약 접수를 하는 경우가 많다. 멋진 펜션을 발견했다면 전화번호를 메모해 두었다가 주말이라면 한두 달 전에 예약을 해야 한다. 한국관광공사에서 운영하는 숙박인증 제도인 굿스테이를 이용하면 우수 숙박시설을 쉽게 찾을 수 있다.

색다른 경험이 될 수 있는 캠핑장 카라반

캠핑카 형식의 카라반은 텐트보다는 편리함을 제공한다. 추운 날씨에도 이용할 수 있고 카라반 주위에서 바비큐나 요리를 해서 먹을 수 있기 때문에 많은 인기를 끌고 있다. 텐트를 치지 않고 캠핑장의 분위기를 느낄 수 있고 자연과 가까이서 숙박을 할 수 있어 매력적이다. 땅끝 오토캠핑장, 자라섬 오토캠핑장, 망상 오토캠핑장, 송지호 오토캠핑장 등에서 이용할 수 있으며 인터넷 또는 전화로 예약을 해야 한다.

조상들의 지혜와 손때가 묻은 전통집

흔히 한옥에서 생활하는 것은 불편하다고 생각한다. 그러나 막상 체험해 보면 방과 떨어져 있는 샤워장과 화장실 사용의 불편함 정도이다. 이런 불편함은 고택에서 체험할 수 있는 다른 다양한 장점들에 비하면 아주 일부에 불과하다. 한옥에 묵으면서 수백 년 전에 똑같은 생활을 했을 조상들을 생각한다면 아이들에겐 더없이 뜻 깊은 시간이 될 것이다.

한옥체험은 조상의 지혜를 엿볼 수 있다. 사진은 옥천 춘추민속관.

황토등 우리 전통 방식으로 만들어진 생태마을의 너와집 또한 아이들에게는 더없이 좋은 숙박체험이다. 책이나 박물관에서 봤던 집을 실제 경험한다는 것만으로도 아이들에게는 무척이나 신기한 일이기 때문이다.

맛집 찾기 노하우

이 책에서는 여행지의 맛집에 대한 정보를 포함하지 않는다. 맛집에 관한 정보를 빼버린 것은 정말 유명한 음식점이라고 하더라도 음식 맛에 있어서는 정말 볼품이 없고 청결하지 못한 곳을 너무 많이 보았기 때문이다. 또 맛이 괜찮아 추천을 해도 다른 사람이 갔을 때는 다른 평을 할 수 있기 때문이다. 서로 입맛이 달라 맛집에 대한 기준도 다르고 기대치가 다르기 때문일 것이다.

우리 가족만 여행을 떠날 때는 인터넷에서 유명하다고 하는 맛집을 특별히 챙기지 않는다. 모든 음식점이 그렇지 않겠지만, 인터넷의 '맛집'은 '맛있는 집'이라기보다는 '널리 알려진 유명한 음식점'에 가깝기 때문이다. 하지만 맛집에 대해 소신을 가지고 자기만의 기준으로 엄선된 맛집을 포스팅하는 블로거들은 오히려 믿을 만하다고 생각해 가끔 정보를 얻기도 한다. 그러나 가장 많이 이용하는 방법은 여행지에서 파출소나 약국 등에 들어가 맛집을 물어보는 것. 경찰과 약국 아줌마는 대부분 그 동네의 맛집을 훤히 꿰고 있기 때문이다.

여행지에서 파출소나 약국에 들어가 맛집을 물어보면 대부분 성공한다.

02
동물과 식물의
생태를 보러 가요

공룡을 찾아서

- 해남공룡박물관

- 고성공룡박물관

- 제주공룡랜드

- 서대문자연사박물관

아이들, 특히 남자 아이들은 공룡에 대해 놀라울 정도로 많은 관심을 갖고 있다. 아이들이 공룡에 관심을 갖기 시작하고 책이나 텔레비전에 나오는 공룡 이름을 좔좔 외기 시작할 때 가면 좋은 곳이 바로 공룡박물관이다. 의외로 우리나라에는 공룡의 화석이나 발자국의 흔적이 발굴된 곳이 여러 군데 있다.

대부분 발굴된 그 지역에 공룡박물관이나 전시장을 만들어 생생한 공룡의 흔적을 볼 수 있을 뿐 아니라 공룡시대의 모습을 모형과 3D 영화도 볼 수 있어 아주 유익한 시간을 보낼 수 있다. 다만 대부분의 공룡박물관이 지방에 있는 만큼 이를 위해 일부러 장거리 나들이를 떠나는 것이 쉬운 일이 아니다. 그러므로 공룡박물관과 같이 특수 박물관의 경우 미리 위치를 체크해 두었다가 박물관 근처로 여행을 갔을 때 아이들을 위해서 방문하는 시간을 갖는 것이 좋다.

해남공룡박물관에는 대형 공룡이 전시돼 있어 아이들의 시선을 붙잡는다.

해남공룡박물관

전라남도 해남군의 해남공룡박물관과 경상남도 고성군의 고성공룡박물관은
국내 대표적인 공룡박물관이다. 해남군과 고성군이 공룡박물관을 정성을 들
여 만든 가장 큰 이유는 이 지역에 공룡 발자국 화석이 발견되었기 때문이다.
특히나 해남군은 익룡, 공룡 등의 발자국 화석과 물갈퀴새 발자국 화석이 한

지역에서 발견된 세계에서 유일한 곳으로 천연기념물 제 394호로 지정되어 보호되고 있다.

이곳에서 발견된 익룡 발자국 크기가 20~35cm로 세계 최대이고, 약 8,300만 년 전에 생성된 물갈퀴새 발자국 화석은 세계에서 가장 오래된 것이라고 한다. 무엇보다 인상적인 것은 '전라남도 해남군 우항리'의 지명을 따서 학명이 세계학회에 보고되었다는 점이다. 익룡 발자국은 '해남이크누스 우항리엔시스', 새 발자국은 '황산이패스 조아이', '우항리크누스 진아이' 등으로 불린다.

홈 페 이 지 http://uhangridinopia.haenam.go.kr
인근 여행지 땅끝관광지, 고천암철새도래지, 대흥사, 미황사, 두륜산 케이블카
나들이 tip 전시장의 규모가 국내 최대라 더운 여름이나 추운 겨울 같은 때에는 실내 전시장만 둘러봐도 충분하겠지만 가급적이면 야외 전시장과 화석 유적지도 관람할 것을 추천한다. 야외 전시까지 모두 둘러본다면 약 3시간 정도 소요된다.

고성공룡박물관

경상남도 고성군은 경남고성공룡세계엑스포를 개최하는 만큼 대한민국 공룡을 대표하는 지역이다. 경남고성공룡세계엑스포는 3년을 주기로 개최되는 행사로서 당항포 관광지에서 개최되고 고성공룡박물관은 이곳과는 별개로

고성공룡박물관을 한 바퀴 둘러보면 공룡과 화석에 관한 유물은 충분히 보는 셈이 된다.

상족암군립공원 내에 있다.

고성공룡박물관에서 상영되는 공룡 입체 영화 〈백악기로의 여행〉은 공룡이 어떻게 태어나 살아갔고, 어떻게 멸종했는지 한눈에 알 수 있어 크게 인기 있다. 공룡발자국 전시실도 아이들에게 인기 만점. 또 축소모형으로 만들어진 백악기 공룡의 삶은 초식공룡과 육식공룡의 습성을 아이들이 쉽게 알 수 있도록 전시하고 있다. 물론 어느 박물관이나 구비되어 있는 각 시대별 화석도 전시되어 있어 이 곳 한 곳이면 공룡과 화석에 관한 유물은 충분히 보는 셈이다.

홈 페 이 지 http://museum.goseong.go.kr
인근 여행지 상족암군립공원, 남해 독일마을
나들이 tip 실내전시장과 야외 공룡공원 탐방. 상족암 인근의 공룡발자국 화석지에도 꼭 방문을 하도록 하자.

제주공룡랜드

제주공룡랜드는 공룡 모형이 많고, 화석을 중심으로 자연사 박물관, 해양 박물관, 야외 전시장 등이 있는 종합 테마박물관이다. 타임머신을 타고 백악기로 가는 공룡 3D 애니메이션은 아이들의 탄성을 자아내게 하기 충분하다.

제주공룡랜드의 상징은 평화의 광장 앞에 실제 크기로 재현된 브라키오사우루스. 이 공룡은 높이가 무려 28m에 달하는 현재까지 발견된 지상 최대의 공룡이다. 이렇게 큰 공룡을 직접 볼 수 있다는 것만으로도 아이들에게는 평생 추억. 특히 동물미로공원에서 미로체험을 즐기면서 중간중간에 있는 동물들에게 먹이를 주는 것이 큰 재미.

홈 페 이 지 http://jdpark.co.kr
인근 여행지 프쉬케월드, 한라수목원, 도깨비도로
나들이 tip 박물관이 아니라 소풍 간다는 기분으로 4시간 이상 여유롭게 시간을 할애하자.

서대문자연사박물관

서울 서대문자연사박물관은 〈지구의 탄생〉 동영상을 비롯해 자연사 유물이 기획 전시되어 있는 곳으로서, 누구나 쉽고 재미있게 보고 이해할 수 있는 박

제주공룡랜드에 들어서면 실제 크기로 재현된 브라키오사우르스가 아이들을 압도한다.

국립과천과학관(자연사실)에는 다양한 공룡 모형이 살아 움직일 듯한 모습으로 서 있다.

물관이다. 아이들을 위한 다양한 교육 프로그램이 있는데, 특히 생일파티도 할 수도 있어 생일날 친구들과 가상체험도 하고 박물관도 둘러볼 수 있는 기회를 제공한다. 기념품도 제공한다.

이곳의 가장 인상적인 전시물은 중앙 홀에 있는 티라노사우루스 모형. 금방이라도 살아 움직일 듯한 모습으로 어린 아이들의 호기심을 불러일으킨다. 공룡 전시를 볼 수 있는 곳은 티라노사우루스가 있는 중앙 홀과 2층 중생대 공룡의 세계 전시장이다. 야외 전시장에도 브라키오사우루스, 스테고사우루스, 알로사우루스 모형이 전시되어 있다.

홈 페 이 지 http://namu.sdm.go.kr
인근 여행지 서대문형무소역사관, 독립공원, 월드컵공원
나들이 tip 어린이 해설 시간을 확인하고 참여. 체험 노트를 활용하면 좋다.

동물 친구들을
보고 싶을 때 떠나자

- 서울대공원 내 어린이동물원

- 어린이대공원

- 에버랜드 주토피아

- 제주 마방목지 (제주 축산진흥원 목마장)

어린아이는 동물을 보고 만지는 것을 유달리 좋아한다. 유모차를 끌고 갈 수 있는 곳 중에서도 가장 만만한 곳이 동물원이다. 도시락을 준비해서 가까운 동물원에 방문하여 동물들과 만난 다음 한적한 잔디밭에 돗자리를 펴고 아이들이 뛰어노는 것을 바라보는 것은 큰 즐거움이다. 서울에 거주하는 사람이라면 서울대공원 안에 있는 어린이동물원이나 어린이대공원이 좋다. 집에서 가까운 곳에 이런 곳이 있다면 미리미리 메모를 해 두자.

호랑이나 사자를 보려면 큰 동물원으로 가야겠지만 토끼, 닭, 염소 같은 동물을 보는 것은 가벼운 마음으로 떠나는 나들이다. 동물에게 줄 싱싱한 배추 한 포기와 돗자리, 간단한 간식만 챙기면 가볍게 출발할 수 있기 때문이다. 우리는 동물원을 갈 때 항상 배추 한 포기를 준비해 간다. 물론 동물원에서도 시간을 정해서 동물 먹이 주기 이벤트를 실시하지만, 배추를 준비해 가면 동물원의 먹이 주기 이벤트 시간에 상관없이 토끼, 닭, 오리, 염소, 공작, 말 등 거의 모든 동물 친구들에게 먹이를 줄 수 있기 때문이다.

서울대공원 어린이동물원에서는 동물과 가까운 거리에서 대화를 나눌 수 있다.

서울대공원 내 어린이동물원

경기도 과천 서울대공원은 가족 나들이하기에 정말 좋다. 이곳은 동물원뿐 아니라 식물원, 곤충관, 숲길 등을 볼 수 있는 곳이라 추운 겨울을 제외하고 많은 사람들이 찾는 곳이다.

어린이동물원은 매표소가 따로 있는데, 어린이동물원 입장권을 구입하면 장

에버랜드 주토피아에서 열리는 공연은 아이들이 특히 눈을 동그랗게 뜨고 지켜보는 인기 만점 공연이다.

미원도 함께 볼 수 있어 일석이조다. 장미원은 서울랜드 장미축제를 하는 곳으로, 한편으로 넓은 잔디밭이 있어 아이들과 함께 뛰어놀기에는 최고다. 특히 바닥 분수는 날씨가 더운 날 아이들에게 최고의 놀이터다. 이때는 아무리 한여름이라도 여벌의 옷과 수건을 준비하는 것은 기본이다.

홈 페 이 지 http://grandpark.seoul.go.kr/
인근 여행지 국립과천과학관, 국립현대미술관, 경마장중앙공원, 한국카메라박물관
나들이 tip 어린이동물원을 방문할 때 꼭 배추를 준비하자.

어린이대공원

서울 능동 어린이대공원은 서울 한복판에 있는 어린이들의 커다란 놀이터이다. 아이들은 동물이 있고, 뛰어놀 수 있는 넓은 잔디밭이 있으면 최상의 나들

이를 할 수 있다. 어린이대공원은 이 모든 조건을 갖추고 있다. 매일 오후 진행되는 '동물어루마당'에서는 아이들이 좋아하는 코끼리, 사자, 호랑이, 북극곰 등과 함께 즐거운 시간을 보낼 수 있다. 사육사들로부터 듣는 동물들의 이야기 시간도 유익하다. 호랑이, 사자, 표범 등 밀림의 왕들이 포효하는 장면을 함께할 수 있는 맹수마을, 물고기와 새가 같이 서식하는 물새장도 꼭 들러보자.

홈 페 이 지 http://www.childrenpark.or.kr/
인근 여행지 서울숲, 롯데월드, 올림픽공원
나들이 tip 비단구렁이와 사진 찍기등 특별 이벤트가 열리므로 홈페이지를 꼭 확인하고 방문하자.

에버랜드 주토피아

경기도 용인 에버랜드 안에는 정말 많은 종류의 동물들이 살고 있다. 사파리월드에 사는 백호, 사자, 호랑이 같은 육식동물부터 코끼리, 얼룩말, 기린 같은 초식동물까지 신비한 동물나라가 펼쳐지는 곳이 바로 에버랜드다. 따라서 동물이 살고 있는 모습에서부터 흥미진진한 동물탐험까지 할 수 있다.

애니멀 원더월드, 판타스틱 윙스, 물개 공연은 계절마다 테마를 조금씩 바꾸어서 공연을 하는데 관객이 직접 공연에 참여할 수도 있어 많은 인기를 끌고 있다. 직접 동물을 만지고 풀을 주고 우유도 먹일 수 있는 '동물 가족 동산'은 언제나 인기 만점. 동물에 깊은 관심을 갖고 있는 어린아이들은 에버랜드의 어린이 멤버쉽 프로그램인 '동물사랑단'의 활동도 추천할 만하다.

홈 페 이 지 http://www.everland.com/
인근 여행지 삼성화재 교통박물관, 호암미술관과 전통정원 희원
나들이 tip 아침에 일찍 서둘러서 출발, 자유이용권 50% 할인카드를 꼭 챙겨서 이용.

제주 마방목지
(제주 축산진흥원 목마장)

제주도를 여행하다 한라산 중산간을 지나
다 보면 목장이나 승마장이 많이 눈에 띄
는데 말이 뛰어노는 모습을 가까이에서 보
고 심지어 말을 가까이에서 살짝 만져볼
수도 있는 곳이 있다. 바로 제주대학교 앞
을 지나는 5.16도로 옆에 있는 제주도 축
산진흥원의 제주 마방목지다. 이곳은 여섯
개 정도 되는 방목지를 번갈아 가면서 말
들을 이동시키는데 아이들이 풀을 뜯어 말
들에게 먹이를 줄 수도 있다.

인근 여행지 한라생태숲, 절물자연휴양림, 사려니숲길,
산굼부리, 제주미니랜드
나들이 tip 방목지 주차장에 차를 세우고 자유롭게 관
찰하면 된다. 주차비, 관람료 없음.

곤충과 나비를
찾아서

- 함평 나비대축제

- 서울대공원 곤충관

- 나비야놀자박물관

아이들은 끊임없이 새로운 것에 관심을 갖는다. 특히 동물이나 곤충 등 살아 있는 생물에 대한 관심이 많다. 아이들의 호기심이 왕성할 때 곤충에 대한 관심을 갖기 시작하면 집에 장수풍뎅이나 사슴벌레 한두 마리 쯤 키우지 않고는 아이들 등쌀에 배길 수 없다. 아이들이 곤충에 관심을 가질 때쯤, 혹은 호기심이 왕성할 때 아이들의 호기심을 채워줄 곤충관이나 나비축제로 나들이를 떠나보자. 간혹 방학이면 전시장에서 곤충전이나 파충류전과 같은 특별전을 하는데 볼거리보다도 관람객이 너무 많아 정신이 없고 실속이 없는 경우가 많다. 차라리 상설로 전시하는 가까운 식물원이나 과학관의 부속 시설로 있는 곤충관의 전시는 부설이지만 내용은 아주 알차다.

곤충 외에도 나비가 전시되어 있는 곳은 대부분 나방도 함께 전시가 되어 있는데 아이들과 나비와 나방의 차이에 대해 이야기하다 보면 부모들도 저절로 공부를 하지 않을 수 없게 된다. 곤충관에 가면 나비가 셀 수 없이 많은데 아이와 함께 가장 예쁜 나비 찾기, 나방이랑 비슷한 나비 찾기 같은 놀이 등을 즐기는 것도 한 방법.

함평 나비대축제는 나비뿐 아니라 다양한 생태전시관이 있어 생태축제라 해도 과언이 아니다.

함평 나비대축제

전라남도 함평군 함평엑스포공원에서 해마다 봄에 개최되는 '함평 나비대축제'는 지방자치단체에서 주최하는 행사 중에서 성공한 축제에 속한다. 함평 나비대축제는 정말 많은 볼거리와 체험거리를 제공한다. 광활한 대지에 원예치료관, 나비곤충생태관, 나비곤충표본전시관, 황금박쥐생태관, 친환경농업관, 숲속의 곤충마을 등이 만들어지는데 나비 축제가 아닌 생태축제라 해도 과언이 아니다.

뿐만 아니라 나비랜드 놀이동산, 습지 학습장, 저수지 수변로, 청보리밭 등도 있어 나비 외에도 다양한 볼거리를 제공한다. 미꾸라지 잡기, 토끼·멧돼지 잡기, 젖소 우유 짜기, 젖소 먹이 주기, 우유로 아이스크림 만들기 등 여러 가지 이벤트는 아이들에게 다양한 체험을 할 수 있게 한다.

홈 페 이 지 http://www.hampyeongexpo.org/
인근 여행지 함평 자연생태공원
나들이 tip 이 모든 것을 보고 체험하려면 한나절도 부족하다. 따라서 이 축제를 제대로 보고 즐기려면 일찌감치 서둘러 하나하나 꼼꼼하게 동선을 체크하면서 봐야 한다.

서울대공원 곤충관

서울대공원 안에 있는 곤충관에는 다양한 종류의 곤충 표본들이 있다. 뿐만 아니라 살아 있는 곤충도 많이 전시되어 있고 계절별 기획전도 다양해 아이들 체험학습장으로 최고다.

한번은 반딧불이 기획전이 진행된다고 해서 찾아갔으나 반딧불이가 다 숨어 있어 제대로 보지 못해 아쉬움이 남았다. 하지만 그때까지 각각 다른 곤충인 줄만 알았던 반딧불이와 개똥벌레가 같은 곤충이라는 것을 알고 왔다. 아이들과 함께 여행을 하며 아이를 위해 하는 여행이라고 하지만 사실 부모들이 더 많이 배우고 즐기는 경우가 많다.

홈 페 이 지 http://grandpark.seoul.go.kr/
인근 여행지 국립과천과학관, 국립현대미술관, 경마장중앙공원, 한국카메라박물관
나들이 tip 날씨가 쌀쌀할 때 가면 좋다. 곤충관이 실내에 있기 때문.

나비는 화려하고 종류가 다양해 아이들의 호기심을 끈다.

나비야놀자박물관

경기도 광명시에 있는 나비야놀자박물관은 하루에도 수백 명의 단체 관람객이 찾아오는 곳이다. 박물관 정보를 수집하기 위해 박물관 홈페이지에 들어갔다 단체관람 현황표를 보고 깜짝 놀랐는데 실제 가서 보고는 더 놀랐다. 이곳에는 무려 2,500여 종의 나비 표본과 500여 점의 곤충 표본이 전시되어 있는데, 박물관을 둘러보면 마치 보물을 찾아다니는 듯한 느낌까지 든다. 나비표본 만들기, 곤충퍼즐 조립하기 등 다양한 체험 프로그램에도 참여할 수 있다. 아이들 눈높이에서 전시물을 관람할 수 있도록 했고, 다른 전시관처럼 억지 꾸밈이 없어 편안한 마음으로 둘러보기에 좋다. 특징은 대부분의 박물관이 월요일에 휴관을 하는데, 이곳은 월요일에 정상 운영하고 일요일에 휴관한다는 점.

홈 페 이 지 http://nabi1.com/
인근 여행지 관곡지, 시흥갯골생태공원, 인천대공원
나들이 tip 도로 안쪽에 있어 입구 찾기가 어렵다. 따라서 약도를 갖고 가면 편리하다. 외부 생태공원도 탐방해 보자.

바다 속
물고기와 함께

- 코엑스 아쿠아리움

- 63씨월드(63빌딩 수족관)

- 부산 아쿠아리움

- 장생포 고래박물관

아쿠아리움에서 아이들이 가장 좋아하는 곳은 터치풀. 여벌의 옷과 수건을 준비해서 아이들이 마음껏 만지고 놀 수 있도록 하자. 수달과 악수하고 미꾸라지 먹이기, 대형 수조 위 걷기, 상어 수조 위를 배 타고 가기 등 다양한 체험 프로그램은 아이들을 지치도록 놀게 한다. 특히 터치풀은 아이들이 가장 좋아하는 놀이터. 미리 홈페이지를 방문해서 돌고래 쇼 등 공연시간을 체크하면 보다 다양하게 놀이를 즐길 수 있다.

코엑스 아쿠아리움의 정어리 피딩쇼는 아이들뿐 아니라 어른들도 탄성을 내지른다.

코엑스 아쿠아리움

서울 삼성동 코엑스 전시장 지하에 있는 코엑스 아쿠아리움은 어린아이를 둔 부모들에게 아주 인기가 있는 곳이다. 그래서 안타까운 것은 평일이 아니면 언제나 사람들로 붐빈다는 것. 이곳에 있는 터치풀과 닥터피쉬풀은 아이들에게 언제나 인기 만점. 뿐만 아니라 15,000마리의 정어리떼 피딩쇼도 인기가 많다. 정어리떼가 한꺼번에 몰려다니는 모습은 아이들뿐만 아니라 어른들의 탄성을 자아내기에 충분하다.

홈 페 이 지 http://www.coexaqua.co.kr
인근 여행지 봉은사, 삼릉공원, 잠실종합운동장
나들이 tip 3~4인 가족권 예약을 하면 25% 할인이 가능하다. 단, 현장 예매는 불가능하다. 코엑스몰 내 물건 구입시 입장권을 보여주면 할인이 가능하다.(대상 상점은 홈페이지에서 확인)

63씨월드(63빌딩 수족관)

이야기가 있는 상상의 바다라는 주제로 꾸며진 서울 여의도 63씨월드는 다른 수족관과 비교했을 때 규모는 그리 크지 않다. 대신 아기자기한 공연들로 아이들에게 즐거움을 더해 준다. 여의도 63빌딩 지하에 있어 접근성이 뛰어나다. 같은 건물에 전망대, 아이맥스 영화관, 왁스 뮤지엄, 63스카이아트, 대한생명63아트홀 등이 있어 다양한 종류의 체험을 할 수 있다.

홈 페 이 지 http://www.63.co.kr
인근 여행지 63왁스뮤지엄, 63아트홀, 63스카이아트, 63아이맥스 3D
나들이 tip 63시티 내의 여러 시설을 이용할 수 있는 패키지를 구입하면 할인율이 높다.

넓은 전시관에 아기자기한 전시가 많은 부산 아쿠아리움.

부산 아쿠아리움

부산 아쿠아리움은 국내 최대 규모로 각각 테마별로 특성을 살린 99개의 수족관에 무려 35,000여 마리의 물고기가 살고 있다. 이곳은 뭐니 뭐니 해도 상어가 득실거리는 수조 위로 배를 타고 가는 체험 프로그램이 가장 인기. 그러나 꼼꼼하게 챙겨 여행을 떠나는 편인 우리 가족도 안타깝게 프로그램이 마감되는 바람에 이 체험을 하지 못했다. 서울에서 부산까지 아쿠아리움만 보러 가는 것은 쉽지 않은 일. 다른 여행지와 연계해서 가다 보니 그만 시간을 놓치고 만 것이다. 테마파크나 아쿠아리움의 경우에는 홈페이지를 방문하면 가족할인, 특별할인, 카드할인 등 다양한 혜택을 누릴 수 있다. 방문하는 곳의 홈페이지나 인터넷몰을 검색하면 보다 저렴한 비용으로 티켓 구입이 가능하다.

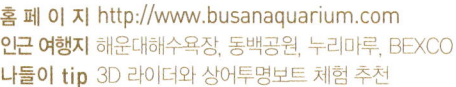

홈 페 이 지 http://www.busanaquarium.com
인근 여행지 해운대해수욕장, 동백공원, 누리마루, BEXCO
나들이 tip 3D 라이더와 상어투명보트 체험 추천

장생포 고래박물관

장생포 고래박물관은 국내 유일의 고래박물관이다. 지상 4층 규모로 1층은 어린이 생태체험관, 2층은 포경 역사관, 3층은 옛 고래 해체장 복원관과 귀신 고래관, 4층에는 전망대가 있다.

이 고래박물관의 책임기획자는 울산 출신으로 어려서부터 고래를 보고 고래 이야기를 들으면서 자란 사람으로서, 장생포 동사무소를 고래박물관으로 만들자는 제안이 나왔을 때 가장 먼저 박물관 기획에 나서겠다고 손을 들었다고 한다. 초기 박물관 건립위원회가 인근 장생포뿐만 아니라 유럽과 일본 등에서 찾은 고래수염과 이빨 등 유물과 자료 외에 장생포 주민들이 기증한 옛 항해 일지와 고래 해체 도구 등이 전시되고 있다.

홈 페 이 지 http://www.whalemuseum.go.kr
인근 여행지 울산대공원
나들이 tip 고래바다여행선을 예약해서 바다로 고래를 찾으러 떠나보자. 고래를 보지 못한 경우 고래박물관 입장료 전액이나 생태체험관 관람료를 40% 할인해 준다. 단, 4D영화관은 제외.

장생포 고래박물관에 전시된 유물 중에는 주민들이 쓰던 물건을 기증한 것도 있다.

생태의 신비함을
느껴요

• 국립생물자원관

• 순천만 자연생태공원

• 우포늪 생태관

• 주필거미박물관

• 부천 자연생태박물관

아이 눈높이에서 생물과 자연을 이해할 수 있는 곳은 어디일까? 가장 좋은 것은 숲, 개울, 바다로 나가 그곳에 사는 생물을 직접 관찰하는 것이다. 그러나 도시에 사는 아이들이 자연 속에서 호랑나비나 배추흰나비의 우화를 보고 매미 유충이 허물을 벗고 매미가 되는 모습을 관찰하기란 쉽지 않다. 그래서 찾게 되는 곳이 바로 생물자원관, 생태학습관, 거미박물관 등 다양한 생태 전시장이다. 요즘은 지방자치단체에서 많은 비용을 투자해 만든 곳이 많은데, 동식물의 다양성을 배울 수 있고 각각의 동식물의 특징도 알 수 있어 쉽게 나들이를 떠날 수 있다.

한반도에 서식하는 생물의 다양성을 볼 수 있는 국립생물자원관.

국립생물자원관

인천광역시에 있는 국립생물자원관은 잘 알려지지 않았지만 보물 같은 전시관으로서 동물과 식물에 대한 모든 것을 배울 수 있는 곳이다. 한반도에 서식하는 생물의 다양성을 볼 수 있도록 우리나라 고유생물 및 자생생물 표본 985종 4,600여 점이 전시되어 있다. 기획전시실에서는 한반도의 자생생물을 주제로 한 특별 전시를 진행한다.

아이들에게 가장 인기가 있는 곳은 체험학습실. 이곳은 유치원과 초등학생의 눈높이에 맞춘 체험 중심의 전시공간이다. 특히 곶자왈 생태관은 제주도 한라산 중산간지역 난대림 생태계를 그대로 재현해 놓고 있다.

야외에도 놀이터, 미로원, 잔디광장이 있어 어린이들에게 좋은 놀이 공간을 제공하고, 활엽수 지역, 침엽수지역, 암석원 등 건물 앞의 작은 산책로와 야생화 단지도 눈길을 끈다.

아이들과 함께 나들이할 때에는 도시락을 준비해 전시장 앞 잔디밭에서 돗자리를 깔고 먹으면 좋다. 국립생물자원관 홈페이지를 방문하여 사전 체험학습을 신청하고 가는 것이 좋다.

홈 페 이 지 http://www.nibr.go.kr
인근 여행지 야생화단지
나들이 tip 아이들이 참여할 수 있는 체험 프로그램이 다양하므로 예약 후 현장 해설 시간에 맞추어 관람하자.

순천만 자연생태공원

순천만은 우리나라에서 가장 자연적인 생

순천만 자연생태공원

태계와 국제적 희귀 조류의 월동지로 각광을 받고 있는 곳이다. 연안 습지로는 우리나라 최초로 람사르협약에 등록될 정도로 소중한 생태공원이다. 자연생태관, 천문대, 갯벌관찰장, 갈대데크, 장산낙조전망대, 생태체험선 선상 투어 등이 있어 정말 다양한 체험을 할 수 있다.

나무다리로 만들어진 관찰로를 따라 순천만 갈대 군락지를 구경할 수 있으며, 탐조선을 타고 나가 흑두루미, 재두루미, 갈매기, 황새, 고니, 도요새 등 여러 철새들을 볼 수 있다. 사계절 모두 좋지만 평상시 보기 힘든 흑두루미, 재두루미를 보기 위해서는 겨울이 제일 좋다. 대중교통을 이용해서 순천역까지 이동하면 생태탐조투어, 순천만생태투어 프로그램을 이용해서 생태체험에 참여할 수도 있다.

홈 페 이 지 http://www.suncheonbay.go.kr/
인근 여행지 낙안민속마을, 순천드라마세트장, 선암사
나들이 tip 아이들과 함께 전망대에 올라 일몰을 조망할 것을 추천.

우포늪 생태관

경남 창녕에 있는 우포늪은 국내 최대의 자연 늪이다. 무려 70만 평에 이르는 천연 늪에는 희귀 동식물이 서식하고 있어 동식물의 천국으로 불린다. 뿐만 아니라 천연의 자연경관을 간직하고 있다.

우포늪 생태관은 다른 생태관에 비해 훨씬 많은 전시물이 있다. 생태환경을 잘 이해할 수 있도록 우포늪의 이해, 우포늪의 사계, 살아 있는 우포늪, 우포늪의 가족들, 생태환경의 이해 등으로 전시실이 구성돼 있다. 특히 매 시간 상영되는 우포늪의 사계 동영상과 우포늪의 3D 입체 애니메이션은 우포에 사는 동식물과 사계절의 변화를 잘 느낄 수 있다.

우포늪은 자연환경보전법에 따라 소수의 현지 주민들만이 통발이와 쪽배를 통한 전통 낚시법으로 낚시를
할 수 있을 뿐 일반인은 낚시를 할 수 없다. ⓒ이준희

홈 페 이 지 http://www.upo.or.kr/main/
인근 여행지 화왕산군립공원
나들이 tip 우포늪 풍경이 가장 아름다울 때는 음력 4월말. 겨우내 보이지 않던 생물들이 연보랏
빛으로 우포늪을 물들이며 가장 멋진 풍경을 자아낸다. 가장 많은 철새를 보려면 동짓
달에 방문하면 된다.

주필거미박물관

경기도 남양주시에 있는 주필거미박물관에 가면 '아라크노피아'라는 단어가
자주 눈에 띈다. 우리말로 표현하면 '거미천국'이라는 뜻이다. 거미박사 김주
필 선생이 세운 곳으로, 세계 최초의 거미박물관이다. 이곳에서 아이들은 생
생한 자연의 신비를 느낄 수 있는데 무엇보다 가장 큰 매력은 직접 거미를 만
질 수 있다는 것. 커다란 타란튤라를 손바닥 위에 올려놓고 기어가는 것을 보

주필거미박물관에서는 다양한 희귀 거미를 볼 수 있을 뿐만 아니라 직접 만져 볼 수 있다.

는 아이들은 열이면 열 모두 눈을 동그랗게 뜨고 신기해한다. 거미가 기어가는 모습만 봐도 신기한데 손바닥으로 느낌까지 전달받는 아이들로서는 당연할 수밖에 없다. 이곳만이 또 다른 매력은 바로 규화목. 규화목이란 썩어서 형체를 잃어버리기 전에 화석이 된 나무를 말한다. 그동안 다른 곳에서 한두 개씩 전시되어 있는 것은 봤지만 수십 개의 규화목을 본 것은 이곳이 처음이다. 야외 조각공원과 수목원도 있어 아이들과 하루 나들이하기에 적합한 이곳은 펜션 시설까지 갖추고 있어 숙박도 가능하다.

홈 페 이 지 http://www.거미.kr/
인근 여행지 세미원, 두물머리, 석창원, 수종사, 남양주종합촬영소
나들이 tip 박물관 야외 산책로를 따라 조각공원 생태수목원도 꼭 관람하자.

부천 자연생태박물관

경기도 부천에 있는 자연생태박물관의 외부 벽에는 커다란 무당벌레 가족이 붙어 있다. 무당벌레가 기어가는 듯한 이 장식물을 보는 순간 아이들의 호기심은 시작된다. 자연생태박물관 내부는 식물과 곤충, 공룡, 하천의 생태 등에 관련된 전시물들로 구성되어 있어 다양한 볼거리를 제공한다. 전체 시설을 돌아보는 데는 세 시간 정도 소요된다. 날씨가 춥지 않은 날에는 야외에 만들어져 있는 전시장도 둘러보면 좋다. 소규모의 어린이 동물원도 있고 전통 문화 관련 전시물도 눈에 띈다.

홈 페 이 지 http://www.bucheon.go.kr/green
인근 여행지 부천식물원, 부천물박물관, 부천로보파크, 뮤지엄 만화규장각
나들이 tip 부천식물원, 자연생태박물관, 3D 영화관 패키지가 약간 저렴하다.

사소한 것이라도 직접 체험하는 것 만큼 아이들에게 좋은 공부는 없다. 사진은 부천자연생태박물관.

갯벌에는 정말 다양한
생물이 살아요

- 부안 고사포해변

- 소래습지생태공원

- 증도 갯벌생태공원

아이들은 갯벌에서 조개, 게, 낙지, 맛조개, 망둥어 등을 잡는 것을 아주 좋아한다. 갯벌 속에서 뭔가를 하나 발견할 때마다 아이들의 호기심은 점점 높아만 간다. 갯벌에 사는 생물이 어떤 것들이 있는지, 왜 갯벌은 중요하고 보호되어야 하는지에 대한 아이들의 의견도 들어보자.

갯벌에 갈 때는 돗자리도 펴고 간식도 먹으면서 반나절 시간을 보내는 것이 좋다. 여벌의 옷, 수건, 간식, 물 등도 꼼꼼하게 챙겨서 아이들이 갯벌에서 여유를 가지고 놀 수 있도록 한다. 이때 절대 아이들이 갯벌에 들어가서 옷을 망치는 것에 신경을 곤두세우지 말자. 오늘 하루는 아이들이 갯벌에서 마음껏 놀도록 내버려 두자. 기왕이면 갯벌에서 아이들과 함께 노는 것이 좋다.

부안 고사포해변의 갯벌은 낙지나 조개 등을 잡을 수 있어 아이들과 여행하기 좋은 곳이다.

부안 고사포해변

얼마 전 고사포해수욕장에서 고사포해변으로 이름이 바뀐 곳이다. 해변 옆으로는 울창한 해송숲이 있어 시원한 그늘을 만들어 준다. 그 주위에는 오토캠핑을 할 수 있도록 해 놓았다.

서해나 남해에는 갯벌체험을 할 수 있는 곳이 정말 많다. 우리 가족이 여름휴

다양한 생물체가 꼬물대는 갯벌은 아이들에게 최고의 놀이터다.

가를 이용해서 '남해·동해 일주 오토캠핑 여행'을 시작하면서 첫 번째로 캠핑을 한 곳이 바로 고사포해변이다. 15년 전에 구입한 텐트와 집에 있던 몇 가지 장비를 들고 떠난 캠핑 여행이지만 마음만은 설레임으로 가득한 여행이었다.

홈 페 이 지 http://www.buan.go.kr/02tour/
인근 여행지 내소사, 직소폭포, 새만금방조제, 채석강, 영상테마파크
나들이 tip 음력 보름과 그믐에 고사포 해변 앞의 하섬까지 바닷길이 열린다. 조개 캐기 위한 그
　　　릇과 호미를 준비하자.

소래습지생태공원

소래포구에서 가까운 소래습지생태공원에서는 따뜻한 날 갯벌체험과 염전체험을 할 수 있다. 아이들이 하나씩 눈으로 보고 그 안에서 놀면서 몸으로 느낄 수 있다면 최고의 체험.

생태전시관에는 습지와 갯벌의 생태에 대한 전시물들과 특히 소금이 만들어지는 과정이 간단하게 설명이 되어 있다. 생태전시관 앞 갯벌에서는 아이들

이 마음껏 놀 수 있으며 갯벌 입구에는 손발을 씻을 수 있도록 수도가 설치되어 있다. 아침 일찍 생태공원에 도착해서 재미있게 놀고 건너에 있는 소래포구에 들러 어시장도 구경하고 예전 수인선 협궤열차가 지나던 철길도 걸어보자. 꽃게철 소래포구의 꽃게는 일품이다. 몇 마리 사다 찜통에 거꾸로 뒤집어 넣은 다음 20~25분만 쪄주면 그 맛이 끝내준다.

생태공원에는 매점이 없다. 아이들이 먹을 간식과 물을 충분히 준비해야 한다. 그 외에도 돗자리, 아이들 여벌의 옷, 수건, 빈 페트병이 필요하다. 페트병은 아이들이 잡은 작은 게를 잠시 보관하는 데 사용한다. 물론 집에 돌아올 때는 다 놓아주자.

홈 페 이 지 http://www.incheon.go.kr/sorae/
인근 여행지 소래포구, 시흥 갯골생태공원, 시흥 관곡지 연꽃테마파크
나들이 tip 갯벌에서 놀 수 있도록 여분의 옷과 수건을 준비하고 간식도 준비하자.

증도 갯벌생태공원

최근에 증도와 사옥도를 잇는 증도대교가 개통되어 많은 사람들이 증도를 방문하고 있다. 더군다나 슬로시티로 지정되어 관광버스들도 줄을 잇고 있다. 증도를 방문할 때는 어른 기준 2,000원의 입장료를 지불해야 한다.

증도의 명물은 짱뚱어다리. 이 다리에서 아래 갯벌을 내려다 보면 다양한 종류의 게들을 볼 수 있고, 장뚱어들이 물이 빠진 갯벌 위를 기어다니는 것을 볼 수 있다. 그만큼 갯벌이 살아 숨쉬고 있다는 것을 증명하는 것이다.

짱뚱어다리를 건너면 길이 4km에 달하는 우전해수욕장이 있다. 우전해수욕장에서는 동남아 관광지 해변에서나 볼 수 있는 야자수로 그늘을 만들어 놓았다. 아이들은 갯벌 위를 다니는 게를 잡고, 우전해수욕장의 고운 모래를 가지

고 놀이를 할 수 있다.

날씨가 너무 더워 걷는 것도 너무 힘들다면 시원한 실내 전시관이 있는 증도 갯벌생태공원으로 향하자. 이곳은 갯벌의 생태와 신안 앞바다에서 발견된 보물선을 주제로 전시가 되어 있다.

홈 페 이 지 http://tour.shinan.go.kr/
인근 여행지 소금박물관, 태평염전, 짱뚱어다리, 우전해수욕장
나들이 tip 증도 갯벌생태공원 짱뚱어다리에서 게와 말뚝망둥어를 아이들과 찾아보자.

신안군 증도는 우리나라 최대 갯벌염전으로 2008년 슬로시티로 지정되었다. 사진은 증도 짱뚱어다리.

식물원에서
식물 이름 알아보기

- 한국자생식물원

- 한택식물원

- 세계꽃식물원

- 부천식물원

- 안산식물원

- 팜카밀레허브농원

✳ 식물원은 어느 계절에 가는 것이 좋을까? 그 답은 없다. 사계절 모두 특색이 있는 나들이를 할 수 있기 때문이다. 온실 식물원이 없는 야외 식물원은 꽃이 필 때부터 단풍이 질 때까지가 제일 좋다. 실내 식물원은 사계절 모두 싱그러운 식물과 꽃을 만날 수 있다. 하지만 더운 여름에 방문할 때는 실내 온도가 높아서 땀이 날 정도다. 비가 오거나 날씨가 추울 때 방문하면 좋다.

국내 식물원은 곳곳에 다양하다. 허브 하나만으로도 식물원을 꾸며 놓은 곳도 있고, 우리나라의 식물 종을 보존하는 차원에서 식물을 키우고 번식시키는 곳도 있다. 각 식물원마다 특색을 살려 장미축제, 양귀비축제, 백합축제 등 계절에 따라 특별한 이벤트를 실시하기 때문에 그 시기에 맞추어 식물원을 방문하면 볼거리가 많다.

한국자생식물원은 식물원 어디에서나 새소리를 들을 수 있어 마치 숲속에 있는 듯하다.

한국자생식물원

우리나라 최초의 사립 식물원인 한국자생식물원은 오대산 국립공원 내에 위치한다. 월정사 조금 못 미쳐 첩첩산중에 있기 때문에 다른 식물원이나 수목원에서 느낄 수 없는 색다른 분위기를 즐길 수 있다. 가장 인상적인 것은 식물원 어디를 가나 여러 종류의 새소리를 들을 수 있다는 것. 또 국립공원 내의 수

많은 나무들이 있어 공기도 정말 상쾌하다.

한국자생식물원은 우리나라 고유의 식물 자원이 전시된 곳으로서 벌개미취, 할미꽃, 동자꽃 등 우리 고유의 식물을 볼 수 있다. 옛날 시골에서 흔히 보았던 식물들이지만 지금은 멸종위기에서 보호받고 있어 환경교육 차원에서도 아이들과 둘러볼 만한 곳이다.

홈 페 이 지 http://www.kbotanic.co.kr
인근 여행지 월정사, 상원사, 방아다리약수터, 대관령양떼목장, 대관령삼양목장
나들이 tip 전통 자생식물의 이름과 모양새를 유심히 보자. 장미나 튤립처럼 흔하지 않아 더욱 소중한 우리 식물이다.

한택식물원

경기도 용인의 한택식물원에서 제일 유명한 것은 소설 《어린왕자》에 나오는 커다란 바오밥나무. 《어린왕자》를 아직 모르는 딸아이는 바오밥나무를 동화책 속의 주인공 정도로 이해하고 있다. 그러나 《어린왕자》에 나오는 바오밥나무를 볼 수 있다는 것만으로도 어른들에게는 큰 추억이 된다.

국내에서 유일하게 바오밥나무가 있는 한택식물원은 자연스럽게 소설 《어린왕자》를 떠오르게 한다.

이곳을 다녀온 지 얼마 되지 않아 텔레비전에 바오밥나무가 나왔는데 딸아이는 그 모습을 보고 환호했다. 바오밥나무 앞에서 사진을 찍은 것을 기억하며 더욱 좋아라 했다. 아직 어린아이들은 나들이 다녀온 곳을 잘 기억하지는 못하더라도 직접 무엇인가를 보았다는 사실만으로도 흥분한다. 약 20만 평의 한택식물원에는 9,000여 종의 식물이 자라고 있어 이것을 모두 둘러본다는 것은 불가능하다. 계절별 다양한 축제와 행사가 열리므로 홈페이지를 방문해 알아보고 가면 좋다.

홈 페 이 지 http://www.hantaek.co.kr
인근 여행지 서일농원, 안성허브마을, 안성남사당바우덕이풍물단, 너리굴문화마을, 태평무전수관
나들이 tip 한택식물원의 입구와 반대편에 있는 수생식물원을 꼭 관람하자. 바오밥나무 구경은 필수.

세계꽃식물원

충남 아산시에 있는 세계꽃식물원은 사계절 내내 싱그러운 식물과 예쁜 꽃을 볼 수 있는 실내 식물원이다. 원래는 화훼단지였으나 영농조합에서 식물원으

한겨울에도 꽃을 볼 수 있는 세계꽃식물원은 추울 때 가면 좋다.

로 가꾸어 동백축제, 베고니아축제, 백합축제 등 사시사철 꽃 축제를 여는 테마식물원이다. 취미원예체험학습, 꽃을 이용한 천연염색, 손바닥 정원 만들기 등 다양한 체험도 할 수 있어 아이와 어른 모두 좋아한다.

세계꽃식물원을 관람하고 나오면 출구에서 작고 예쁜 화분을 1인당 한 개씩 나누어준다. 식물원 안에 있는 식당에서는 꽃비빔밥을 판매하는데 아이들은 꽃들이 너무 예뻐서 처음에는 예쁜 꽃을 어떻게 먹느냐고 하지만 곧 맛있게 먹는다. 화려한 꽃잎이 얹어진 비빔밥은 보는 것 만큼 맛도 뛰어나다.

홈 페 이 지 http://www.asangarden.com
인근 여행지 피나클랜드, 외암민속마을, 공세리성당, 현충사
나들이 tip 식물원 내 식당에서 파는 꽃비빔밥을 아이들과 꼭 한 번 먹어보자. 겨울이라도 날씨가 따뜻한 날에는 실내가 덥다.

부천식물원

비가 오거나 날씨가 쌀쌀해지면 나들이 가기가 망설여진다. 이럴 때는 가까운 박물관이나 실내 식물원을 가는 것이 좋다. 경기도 부천의 부천식물원은 자연생태박물관과 3D 입체영화관을 모아 하나의 패키지로 판매가 되고 있다. 모든 시설을 꼼꼼하게 둘러보려면 세 시간 정도 소요된다.

날씨가 춥지 않은 날에는 실외에 만들어져 있는 전시물도 둘러보면 좋다. 어린이 동물원도 있고 전통 문화 관련 전시물도 눈에 띈다. 2층에는 도서관이 있어 식물 관련 도감들이 가득하다. 부천식물원의 모양은 하늘에서 보면 부천시의 상징인 복사꽃을 닮았다. 유치원 또는 초등학교 저학년 아이들이 나들이 하기에 좋은 곳.

생태디자인을 접목한 주말전통공예체험, 다양한 천연비누 만들기 체험도 계

한겨울에도 세계 여러 나라의 다양한 꽃을 볼 수 있는 세계꽃식물원.

절벌로 진행하고 있으며 구연동화 들려주기 프로그램도 있는데, 홈페이지를 방문해 꼭 일정을 확인하고 가자.

홈 페 이 지 http://www.bucheon.go.kr/green
인근 여행지 부천 자연생태박물관, 부천물박물관, 부천로보파크, 뮤지엄 만화규장각
나들이 tip 패키지로 매표해 천천히 둘러보자. 야외 전시장과 어린이 동물원도 아이들이 좋아한다.

자주 보는 식물도 식물원 안에서는 아이들에게 새로운 탐구 대상이 된다.

안산식물원

추운 겨울에 초록이 생각날 때 가는 곳이 바로 안산 식물원이다. 경기도 안산의 안산식물원은 입장료가 무료이며 규모가 크지 않기 때문에 이곳만 보기 위하여 방문하는 것보다는 근처를 지나면서 잠시 들르면 좋다. 남산식물원이 없어진 이후 서울에서 그나마 가기 편한 실내 식물원은 부천식물원과 안산식물원과 창경궁, 서울숲, 서울대공원의 실내 식물원 등이다.

안산식물원은 열대식물원, 중부식물원, 그리고 남부식물원으로 구성되어 있고 꽃이나 식물들을 잘 정리되어있다. 우리 아이들은 선인장의 가시에 관심이 많은데 가시에 찔려도 아프지 않은지 장난을 치고 논다.

홈페이지 http://plant.iansan.net
인근 여행지 안산 갈대습지공원, 오이도, 시화방조제
나들이 tip 한겨울에 잠시 들러 한적한 나들이를 할 수 있다.

팜카밀레허브농원

팜카밀레(Farm Kamille)허브농원은 농원을 뜻하는 팜(Farm)과 허브를 대표하는 카밀레(Kamille)의 합성어로서 말 그대로 허브를 가꾸고 향기를 전달하는 농원을 뜻한다. 팜카밀레허브농원은 1만5천평 규모로 언덕에 조성되어 있는 허브가든을 산책하면서 아이들과 잠시 들러보기에는 아주 좋은 곳이다. 중간 중간에 작은 동물원과 연못이 있고 라벤더 가든 뒤쪽으로는 캠핑장이 만들어져 있어 야영을 좋아하는 가족에게도 권할 만한 곳이다. 레스토랑과 허브샵이 있는 메인 건물과 허브 가든 중앙에 있는 어린왕자 펜션 등이 있으며 펜션 주위로 작은 정원들이 가꾸어져 있다. 허브샵 한편에는 허브향 비누, 야생화 목걸이, 향초를 만들 수 있는 체험장이 있어 아이들이 좋아한다.

홈 페 이 지 http://www.kamille.co.kr
인근 여행지 간월암, 몽산포해변, 꽃지해변, 안면도휴양림
나들이 tip 허브농원을 둘러보고 실내와 실외에서 진행되는 다양한 만들기 체험에 참가해보자.

팜카밀레허브농원에서는 허브비누 만들기등 다양한 체험을 할 수 있다.

문화복합놀이터

- 국립중앙박물관 어린이박물관

- 국립민속박물관 어린이박물관

- 국립경주박물관 어린이박물관

- 국립제주박물관 어린이올레

- 삼성어린이박물관

어린이박물관의 주인공은 아이들이다. 모든 전시물과 체험 프로그램은 아이들 눈높이에 맞추어져 있다. 그러다 보니 아이들뿐만 아니라 부모들에게도 인기가 높아 놀토에 방문하려면 몇 주 전에 예약을 해야 할 정도다.

유물의 전시와 수장고의 역할을 담당하던 박물관에서 '문화복합놀이터'의 기능까지 하고 있는 것이 요즘의 어린이박물관이다. 상설전시관에서 체험할 수 있는 프로그램뿐만 아니라 평상시에도 특별 프로그램을 진행하고 있고, 방학 때에는 아이들 눈높이에 맞춘 프로그램이나 캠프를 진행한다. 가까이에 국립박물관이 있다면 홈페이지를 잠시 방문해서 알찬 프로그램을 찾아보자.

어린이박물관을 방문할 때에는 예약시간에 늦지 않도록 하자. 정해진 시간 동안만 관람이 가능하기 때문에 늦게 도착하면 아이들이 체험할 시간이 그만큼 줄어들어 프로그램을 모두 마치지 못한 아이들은 아쉬움을 달래야 한다.

아이들이 한옥의 누각을 만들어 볼 수 있는 국립중앙박물관의 어린이 박물관 체험 프로그램.

국립중앙박물관 어린이박물관

국립중앙박물관 내의 어린이박물관을 관람하기 위해서는 인터넷 예약을 해야 한다. 워낙 인기가 많은 곳이라 사전 예약은 필수이고 예약도 쉽지 않다. 어린이박물관 바로 앞의 뮤지엄샵에서 박물관 체험키트를 하나 사서 들어가면 좋다. 이 체험키트에는 탈 만들기, 색칠하기, 탁본하기 등 체험에 필요한 물품이 들어 있어 보다 적극적으로 체험을 즐길 수 있다. 아이들이 꼼꼼하게 프로그램에 모두 참여하고 관람을 하려면 두 시간 정도 필요하다.

어린이박물관은 주거, 농경, 음악, 전쟁 등 네 가지 주제로 구성되어 있으며 선사 시대의 도구나 집들을 직접 체험하면서 자연스럽게 역사를 배울 수 있다.

홈 페 이 지 http://www.museum.go.kr/child/
인근 여행지 국립중앙박물관, 용산가족공원, 전쟁기념관, 한강공원이촌지구
나들이 tip 인터넷 예약은 필수, 예약시간은 꼭 지키자. 어린이박물관 입구에서 박물관체험키트를 꼭 구입할 것.

국립민속박물관 어린이박물관

우리 가족이 국립민속박물관에 도착해서 제일 먼저 하는 것은 어린이박물관 앞 안내 데스크에 아이들 이름을 올려 현장 예약을 하는 것이다. 물론 2층 특별전도 함께 이름을 올려 놓으면 좋다. 인터넷을 이용하면 상설전과 특별전을 함께 예약하는 것도 가능하다.

어린이박물관 예약을 해 놓았다면 기다리는 동안 잠시 국립민속박물관을 둘러보자. 상설전시관의 '한국인의 일상' 과 '한국인의 일생' 은 현재의 모습과 과거 우리 조상들의 모습을 비교해 볼 수 있는 전시물로 아이들이 꽤 흥미로

직접 체험하는 프로그램이 많아 인기가 좋은 어린이박물관. 그만큼 예약도 어렵다.

워 한다. 4~5세 어린이들이 국립민속박물관 내에서 가장 좋아하는 시설은 어린이박물관 내의 볼풀이다. 박물관 전시물보다는 체험학습을 더 좋아하는 아이들은 볼풀에서 노는 걸 무지 좋아한다.

홈 페 이 지 http://www.kidsnfm.go.kr
인근 여행지 국립민속박물관, 경복궁, 국립고궁박물관, 청와대, 삼청동
나들이 tip 어린이박물관의 상설전시와 특별전시 각각 인터넷 예약은 필수다.

국립경주박물관 어린이박물관

아이들 입장에서 흥미로운 관람 동선은 제일 먼저 어린이박물관을 들러 한지에 탁본도 해보고 찰흙에 전통 기와문양도 찍는 등 체험 프로그램에 참여하고 그 다음에 상설전시관과 미술관을 둘러보는 것. 혹시 천마총에 먼저 들렀다면 그곳의 유물들은 모두 복제품이고 진품은 국립경주박물관에 있다는 사실을 아이들에게 이야기하며 천마총에서 봤던 유물들을 찾는 놀이를 해보자.

안압지관 옆으로 있는 작은 연못에도 가 보면 좋다. 오리 몇 마리가 놀고 있는데 오리 먹이도 줄 수 있어 아이들이 좋아한다.

홈 페 이 지 http://gyeongju.museum.go.kr
인근 여행지 국립경주박물관, 안압지, 첨성대, 대릉원, 포석정
나들이 tip 어린이박물관 입구에서 박물관 체험키트를 구입한 후 입장해야 아이들이 다양한 체험을 즐길 수 있다.

국립제주박물관 어린이올레

국립제주박물관 한편에 있는 어린이박물관 '어린이올레'는 어른이 보기에는 별 것 없어 보여도 아이들은 500원짜리 지점토 하나 사서 신석기 시대의 칼이

퍼즐 조각으로 다양한 놀이를 즐길 수 있는 국립제주박물관 어린이올레 체험교실.

나 토기를 만들고 재미나게 퍼즐놀이도 한다. '어린이올레'는 특히 제주의 역사와 문화를 표현하는 유물을 아이들의 체험도구로 만들어 놓아 제주에 대한 이해를 돕는다.

아이들과 장기 여행을 할 때는 꼭 실내에서 놀이를 할 수 있는 곳을 여행 동선에 넣어야 한다. 날씨가 흐리거나 비가 올 경우에도 그렇고, 아이들 컨디션이 좋지 않을 때도 실내에서 놀아야 하기 때문이다. 멋진 풍경이 펼쳐져 있다고 아이들을 온 종일 그곳에서 보내게 되면 꼭 탈이 난다. 물론 당일 여행 정도면 아침부터 저녁까지 야외에서 놀아도 괜찮지만 2박3일 이상의 장기 여행시에는 아이들의 체력도 고려해야 한다.

홈 페 이 지 http://jeju.museum.go.kr/
인근 여행지 사라봉 오름, 민속자연사박물관, 삼성혈, 용두암
나들이 tip 어린이올레는 점심시간에는 운영하지 않는다. 박물관 외부를 한 바퀴 꼭 둘러보자.

삼성어린이박물관

서울 송파구에 있는 이곳에서는 아이들이 맘껏 뛰고 공을 던지고 물놀이를 해도 어느 누구도 말리지 않는다. 보통 다른 박물관에서라면 상상하기 어려운 풍경이다. 삼성어린이박물관은 박물관이라기보다는 '체험식 박물관'이라는 타이틀이 걸려 있듯 아이들의 눈높이에 맞춘 체험 시설이 가득한 놀이터다. 주말이라면 무엇보다도 사전 예약을 하고 오전에 서둘러 도착하는 것이 아이들에게나 부모에게나 이득이다. 왜냐하면 12시가 지나면 정말 많은 아이들이 몰려들어 실내에는 아이들로 가득 차버리기 때문이다. 물론 박물관에서 입장 인원을 조절한다고 하지만 아이들이 하고 싶은 체험 프로그램을 하려면 차례를 기다려야 한다. 프로그램은 유료와 무료로 나뉘고, 모두 예약제로 진행되기 때문에 현장에 도착하자마자 원하는 시간에 예약을 해 두면 아이들이 더욱 유익한 시간을 보낼 수 있다.

홈페이지 http://kids.samsungfoundation.org
인근 여행지 롯데월드, 키자니아, 석촌호수, 신천어린이교통공원, 올림픽공원
나들이 tip 개관시간에 맞추어 도착하는 것이 필수. 점심은 도시락 또는 지하 식당을 이용한다.

어른들에게는 당연한 현상도 아이들은 깜짝 놀랄 만큼 신기해한다. 놀이처럼 과학을 체험해 볼 수 있는 삼성어린이박물관은 그래서 아이들에게는 놀이터와 같다.

신기하고 재미있는
박물관 모여라

- 롤링볼어린이박물관

- 별난물건박물관

- 63왁스뮤지엄

국립중앙박물관에서 발행한 《한국 박물관 100년사》에 의하면 1909년 11월 1일 제실박물관이 창경궁에 문을 연 이후 한국의 박물관은 국립박물관 27개관, 공립박물관 258개관, 사립박물관 222개관, 대학박물관 115개관 등 무려 620개가 넘는 박물관이 있다고 한다. 이 많은 박물관을 모두 본다는 것은 불가능한 일. 이 많은 박물관 중에서 우리 아이를 데리고 갈 만한 곳은 어디일까.

알록달록 만들어진 회로와 그 사이를 굴러가는 공을 보며 상상력을 키울 수 있는 롤링볼어린이박물관.

롤링볼어린이박물관

경기도 평촌에 있는 롤링볼어린이박물관은 관람만 하는 고리타분한 박물관
이 아니라 오히려 놀이터라고 할 정도로 재미있는 체험기구들이 많다. 박물
관 홈페이지를 인용하면, 롤링볼이란 '공을 레일 형태의 길에 굴러가도록 만
든 움직이는 조형물(Kinetic Art)로, 아이들에게는 공간 지각 능력을 향상시켜

주고 어른들에게는 재미와 예술을 동시에 만족시켜 주는 기계장치'라고 정의한다.

세계 최대이자 최초의 롤링볼 전문 박물관인 이곳에 가면 아이들은 집에서는 볼 수 없는 다양한 놀이 기구에 호기심이 발동, 배고픈 줄 모르고 논다. 따라서 이곳을 방문할 때는 4~5시간 정도 넉넉하게 여유를 가지고 방문하는 것이 좋다. 이곳에서는 몇 시간을 놀아도 가자고 하면 아이들은 조금만 더 놀다 가겠다고 떼를 쓴다. 지칠 때까지 놀게 하는 것, 넉넉한 시간 속에서 아이들을 맘껏 놀게 하는 것이 좋다.

홈 페 이 지 http://www.rollingball.co.kr
인근 여행지 별난물건박물관, 엉클덕튼튼놀이터
나들이 tip 박물관이 아니라 놀이터라 생각하고 시간을 넉넉하게 할애를 해야 한다.

별난물건박물관

경기도 평촌에 있는 이곳을 직접 방문하기 전까지 나는 그냥 별만 것들만 모아놓은 박물관쯤이겠거니 생각했다. 따라서 아이를 둔 부모 입장에서 그리 기대를 하지 않았다. 그러나 박물관을 모두 둘러본 다음에는 부모들에게 가장 먼저 추천하는 박물관으로 바뀌었다.

별난물건박물관은 그 명칭을 별난박물관으로 이름을 바꾸어도 좋겠다는 생각이 들 만큼 별난 곳이다. 별난 물건들을 마음껏 만지면서 체험할 수 있기 때문이다. 다른 박물관에 있는 전시물이 모두 유리장 속에 들어 있는 데 반해 이곳에서는 모두 밖에 나와 있으니 참으로 별나기 그지없다.

별난물건박물관에서는 소리, 빛, 과학, 움직임, 생활 등 다섯 가지 테마로 나뉜 다양한 별난 물건들을 만날 수 있다. 지방에서는 가끔 특별 전시회를 개최

별난물건박물관은 평범한 물건의 비범한 변신을 직접 경험해 볼 수 있도록 하고 있어
아이들이 정말 즐거워한다.

하여 엉뚱한 물건 속에 담겨 있는 과학의 원리를 체험할 수 있도록 한다. 일상에서 만날 수 없는 별난 물건에서부터 누구나 한번쯤은 만들고 싶었던 발명품에 이르기까지 다양한 물건들이 있다.

홈 페 이 지 http://www.funmuseum.com
인근 여행지 롤링볼어린이박물관, 엉클덕튼튼놀이터
나들이 tip 별난물건박물관과 엉클덕튼튼놀이터 통합권을 이용하자. 아이들이 지치도록 놀 수 있다.

63왁스뮤지엄

국내외 유명 인사와 위인들을 한꺼번에 볼 수 있는 밀랍인형 박물관. 백범 김구 선생과 김대중 전 대통령, 버락 오바마 미국 대통령을 비롯한 정계 인사들이 전시된 '명예의 전당'과 아인슈타인, 체 게바라 등이 전시된 '역사 속 인물관', 파블로 피카소, 살바토르 달리, 빈센트 반 고흐가 있는 '화가의 방' 등 테마별로 총 70여 개의 극사실 밀랍인형들이 전시돼 있다.

또 360° 파노라마 영화가 상영되는 영상관과 '귀신의 집'과 같은 공포체험관도 있어 아이들을 데리고 가기에 좋다. 그러나 공포체험관은 너무 어린 아이들은 너무 무서워하기 때문에 가급적 데리고 들어가지 않는 것이 좋다. 우리 집의 경우 둘째가 다섯 살 때 들어갔다 아주 혼이 났었다.

국내 최초 5D영상은 강추! 우리는 아이들을 위한 7분짜리 영상 한편과 어른들을 위한 호러물을 봤는데, 나비가 날아와 손에 앉고 상어가 달려드는 등 아이들뿐만 아니라 어른들이 봐도 신기한 영상물이다.

홈 페 이 지 http://www.63.co.kr/
인근 여행지 63씨월드, 63스카이 아트, 63아이맥스 3D
나들이 tip 63빌딩 안에 있어 63왁스뮤지엄뿐만 아니라 아이맥스 영화, 수족관 패키지를 구입하면 하루를 알차게 보낼 수 있다. BIG5, BIG3 패키지를 구입하면 할인된다.

63왁스뮤지엄은 밀랍으로 진짜 사람인지 인형인지 구분하기 힘들 정도로 세밀하게 만들어진 세계
유명인들의 왁스 인형을 전시하고 있다.

기찻길에서
자전거를 타요

- 정선레일바이크

- 문경레일바이크

- 삼척해양레일바이크

기찻길에서 자전거를 타듯이 페달을 돌려서 레일바이크를 움직이는 것은 아이들뿐만 아니라 어른들도 신나는 체험이다. 최근에는 경기도 양평에도 레일바이크가 생겨 수도권에서도 레일바크를 즐길 수 있다. 물론 강원도 정선 아오라지의 레일바이크보다 규모가 작다. 삼척해양레일바이크는 산과 바다를 조망할 수 있으며, 문경의 레일바이크는 20년 전에 석탄을 실어 나르던 철로를 이용하고 있다. 또 전라남도 곡성에 있는 섬진강레일바이크는 섬진강을 끼고 시원한 바람을 맞으며 아이들과 추억을 만들 수 있다. 의왕시에 있는 철도박물관에는 7분 정도 소요되는 간이 레일바이크도 있다.

레일바이크는 시원한 바람을 가르며 타는 즐거움이 크다.

정선레일바이크

우리 가족이 강원도 정선에 있는 정선레일바이크를 타러 간 것은 단풍철 주말. 때가 때이니 만큼 예약이 정말 힘들었다. 그러나 여행을 할 때 이것저것을 다 고려하면 갈 수 있는 시간은 없다. 우리가 예약한 시간은 9시. 숙소였던 하이원리조트에서 정선 구절리역까지는 무려 80km. 그러다 보니 아침식사도 하지 못한 채 차를 달려 구절리역에 들어가 간단히 어묵으로 끼니를 해결해야 했다. 벌써부터 구절리역은 인산인해. 미처 인터넷 예약을 하지 못한 사람들이 현장에서 티켓을 구입하려고 줄을 서고 있었던 것이다.

정선레일바이크는 구절리역을 출발, 아오라지역에서 도착한다. 아직 어린 아이들은 페달을 밟을 수 없으므로 양쪽에서 부모들이 열심히 페달을 밟아야 하는데, 조금 힘은 들지만 주변 풍경이 워낙 좋아 힘든 줄 모른다. 아오라지역에서 다시 구절리역으로 돌아갈 때는 풍경열차를 타고 가는데 기차 체험까지 할 수 있어 아이들에게 더 큰 추억을 안겨 준다.

홈 페 이 지 http://www.railbike.co.kr
인근 여행지 정선5일장, 화암동굴, 아라리촌, 아우라지
나들이 tip 매달 1일 0시에 그달의 레일바이크, 기차 펜션, 캡슐하우스 예약이 가능하다.

문경레일바이크

문경새재. 걷기 열풍과 함께 맨발로 걷기 좋은 길로 유명한 이 길은 조선시대부터 호남지방이나 경상도 남쪽 지방에서 과거를 보러 한양에 가기 위해서는 꼭 지나야 했던 유명한 길이다. 지금 문경에는 문경새재보다 더 유명해진 것이 하나 있는데 바로 문경레일바이크. 레일바이크라는 것을 국내 최초로 도입한 곳으로 과거 석탄을 실어 나르던 철로를 개조해서 사용하고 있다. 최대 성인 2인과 소인 2인까지 탑승이 가능한 바이크를 타고 철로를 따라 총 4km 길이를 왕복하는데 철로 옆 강바람과 산바람을 그대로 느낄 수 있다. 다른 레일바이크와 마찬가지로 인기가 많아 원칙적으로는 현장에서도 구매가 가능하지만, 휴일에는 예약을 하는 것이 안전하다. 문경의 석탄박물관이나 근처 숙박업소를 이용했다면 할인을 받을 수 있으니 구매하기 전에 확인하도록 하자.

홈 페 이 지 http://www.mgtpcr.or.kr/railroad_cycling/introduction/introduction/
인근 여행지 문경새재, 불정 자연휴양림, 문경석탄박물관
나들이 tip 문경석탄박물관 입장권을 보여주면 요금을 30% 할인해 준다.

레일바이크를 탈 때는 양쪽에서 페달을 밟는 것이 가장 덜 힘들다. ⓒ황혜성

겨울에도 레일바이크를 즐길 수 있는 삼척해양레일바이크. ⓒ김석환

삼척해양레일바이크

여름휴가의 상징이기도 한 동해안 7번 국도 중간에 있는 삼척해양레일바이크는 다른 곳과 달리 지붕까지 있어 비가 오거나 추울 때는 비닐로 덮개까지 씌어주는 이색 레일바이크다. 문경, 정선 등과 마찬가지로 과거 광물을 수송하던 철로를 재사용하여 만든 레일바이크이지만, 바다를 끼고 달려 색다른 느낌을 준다. 멀리 갈매기가 날아다니고 파도가 출렁이는 바다를 따라가다 보면 2개의 터널을 통과하게 되는데 각 터널에는 다양한 빛 예술품이 전시돼 있어 환상적인 분위기를 자아낸다.

최신 레일바이크로 바퀴도 다른 곳과 달리 4개라 안정적이며 과속방지 자동 안내시스템을 갖추고 있으며, 오르막길에서는 자동 운행도 가능해 힘들게 페달을 밟기보다는 풍경을 즐길 수 있도록 최대한 배려하고 있다.

홈 페 이 지 http://www.oceanrailbike.com/
인근 여행지 삼척 바다열차 (삼척–강릉 왕복), 용화해변, 민물고기전시관, 환선굴, 대금굴
나들이 tip 인터넷 예약이 필수. 궁촌에서 출발하는 것을 예약하고. 용화에서 궁촌으로 돌아올 때는 셔틀을 이용하면 된다.

겨울의 추위를
이기자

- 대관령 눈꽃축제

- 태백산 눈축제

- 백운계곡 동장군축제

❄✳ 날씨가 어중간하게 추울 때는 혹시라도 감기에 걸릴까 박물관이나 전시관을 돌아다니는 게 좋지만, 온 세상이 눈으로 뒤덮였을 때는 밖에서 뛰어놀아야 한다. 한나절 눈밭에서 뒹굴고 들어오면 제 아무리 추운 날이라도 신기하게 아이들은 감기에 걸리지도 않고 즐거워한다. 여기에 눈꽃축제라도 한 번 다녀오면 아이들에게 그 해 겨울은 가장 따뜻한 겨울로 기억된다.

하얀 눈밭에서 엄마 아빠와 눈싸움을 하는 것만으로도 충분히 즐거운 것이 바로 아이들이다.
사진은 대관령 눈꽃축제 눈조각 작품.

대관령 눈꽃축제

대관령 눈꽃축제에 처음 갔을 때 우리는 돈을 한 푼도 쓰지 않았다. 물론 무료 축제이기도 하지만, 눈이 너무 와서 행사장 한켠에서 눈사람을 만들고 눈싸움을 하다 보니 다른 놀이시설을 타거나 체험 프로그램에 참여할 새가 없었던 것이다. 그리고 아이들도 너무 어렸다.

지난 겨울에는 아예 출발할 때부터 아이들과 놀이시설 타는 것을 염두에 두고 떠났다. 놀이시설 중에서 아이들에게 가장 인기 있는 것은 눈썰매, 얼음썰매, 봅슬레 등. 행사장 한편으로 눈밭을 달리는 사륜 오토바이와 래프팅에서 사용하는 커다란 보트를 스노모빌이 끌고 빠른 속도로 달리는 모습이 눈길을 잡아끈다. 대관령 눈꽃축제의 또 다른 묘미는 다양한 종류의 눈조각을 감상할 수 있다는 것이다. 아이들은 이 중에서도 뽀로로, 토토로, 공룡 브라키오사우루스 등 익숙한 캐릭터를 좋아한다.

홈 페 이 지 http://www.snowfestival.net
인근 여행지 삼양목장, 양떼목장, 신재생에너지전시관, 한국자생식물원, 월정사, 상원사, 한국앵무새학교, 허브나라
나들이 tip 다양한 놀이 시설을 즐기려면 일찍 도착해야 한다.

태백산 눈축제

해마다 1월 말경 열리는 태백산 눈축제는 다양한 프로그램과 눈 조각 등으로 겨울 눈꽃 여행의 최고로 꼽힌다. 태백산 눈축제는 몇 년간 우리 가족의 나들이 위시리스트 맨 위에 올라 있었지만 쉽게 떠나지 못했다. 한겨울에 태백으로 가는 여행 일정을 잡는 것이 쉽지 않았는데 아이들과 추운 곳으로 1박2일 여행을 가는 위해서는 마음을 단단히 먹고 떠나야 하기 때문이다.

드디어 다른 가족과 어렵게 일정을 맞추어 태백으로 떠난 겨울여행. 역시 최고의 인기를 누리는 태백산 눈축제에 모인 인파는 대단했다. 숙박시설은 턱없이 부족했고, 음식점, 휴게실 등의 편의시설은 몰려드는 인파를 감당하기에는 한계를 넘어버린 느낌이었다. 게다가 가는 날이 장날이라고 눈축제를 갔는데 행사 전날까지도 눈은 커녕 오히려 따뜻한 날씨로 전날은 비까지 왔다. 눈

축제의 꽃이라 할 수 있는 눈 조각들은 녹아 흘러 행사장은 질퍽댔다. 이런저런 이유로 목적을 갖고 갔던 어른들에게는 많은 아쉬움이 남는 여행이었지만 아이들은 어디를 가나 신난다. 한겨울, 춥다고 집에만 있기보다는 아이를 데리고 떠나면 더없이 멋진 추억이 될 것이다.

홈 페 이 지 http://festival.taebaek.go.kr/
인근 여행지 용연동굴, 황지연못, 추전역, 매봉산 바람의언덕, 구와우 해바라기축제, 석탄박물관
나들이 tip 아이들이 어릴 경우에는 방한복을 겹겹이 입어 중무장을 해야 한다. 수도권에서 출발하는 경우라면 기차 패키지를 이용하면 편리하다.

백운계곡 동장군축제

엄동설한에 떠나는 동장군축제. 축제 이름만 들어도 오들오들 추워진다. 우리가 경기도 포천에 위치한 백운계곡 동장군축제에 참가한 날은 무려 영하 10도에 가까운 날씨. 계곡바람이 얼마나 센지 똑딱이 자동카메라가 작동을 하지 않을 정도였다. 그럼에도 아이들은 아주 즐거워했다.

아이들은 동장군 추위쯤은 아랑곳하지 않고 얼음 미끄럼틀, 튜브 눈썰매, 얼음썰매를 타느라 여념이 없다. 얼음판에서 팽이를 치기, 고구마 구워 먹기, 토끼 잡기 등 다양한 이벤트가 마련돼 있어 사실 아이들은 잠시도 가만히 있을 새가 없다. 아이들에게 가장 인기가 있는 것은 토끼 잡기다. 그러나 토끼들도 날씨가 너무 추운 탓인지 움직이지 않아 굳이 토끼를 잡으러 뛰어다닐 일이 없다. 그런데도 아이들은 토끼를 만지는 것만으로도 즐거울 뿐이다.

홈 페 이 지 http://www.dongjangkun.co.kr
인근 여행지 산정호수, 허브아일랜드 별빛동화축제
나들이 tip 시간을 넉넉하게 할애해서 자유이용권으로 패키지를 이용하면 좋다.

04
자연과 함께라면
어디라도 가고 싶어요

여유로운 여행,
숲길 산책

- 내소사 전나무 숲길

- 직소폭포 숲길

- 제주 사려니 숲길

- 제주도 비자림

- 울릉도 내수전 옛길

한동안 나들이 테마로 '숲길 걷기'를 정했다. 아이들이 아직 어릴 적, 실내 전시장 위주로 가다 보니 아이들은 관심이 없는 전시물은 그냥 지나치고 관심이 있더라도 사람들이 많이 모여 있는 곳은 또 그냥 지나치게 됐다. 아이가 차분하게 전시물을 관람하기를 바라는 건 사실 부모의 성급한 욕심이다.

숲길은 늦게 가도, 빨리 가도 전혀 새로울 것 없는 숲길일 뿐이다. 따라서 아이나 부모나 서두름이 없다. 대신 발 아래 곤충이나 꽃들을 오래 들여다볼 수 있다. 차분한 마음으로 숲길을 거닐면서 오붓하게 이야기도 나눌 수 있다. 자연을 만나는 기쁨과 아이에게 기다림의 미학을 가르쳐주는 숲길 산책은 아이들과 떠나는 최고의 여행이다.

수령 200년이 넘는 나무가 울창한 숲을 이루고 있는 내소사의 전나무 숲길.

내소사 전나무 숲길

변산반도를 여행하면 바다와 산을 함께 즐길 수 있을 뿐만 아니라 주변에 가볼 만한 곳들이 많아 여행이 풍성한 느낌이다. 그 중에서도 내소사는 사계절 언제 방문을 하더라도 참 좋은 사찰이다. 특히 하얀 눈이 쌓였을 때 찾아가는 내소사는 생각만으로도 설레는 곳이다.

모든 것이 소생한다는 의미를 담은 내소사의 가장 큰 매력은 입구부터 천왕문
까지 이어지는 길가의 아름드리 전나무들을 꼽을 수 있다. 수령 200년이 넘는
전나무 700여 그루가 몸을 쭉쭉 뻗어 울창한 터널을 만들고 있는데 그 터널
속을 거닐다 보면 특유의 맑은 향기가 난다.

또 중간에 놓인 발마사지를 하는 곳에서 아이들과 함께 맨발로 걸으면서 잠시
쉬어가는 것도 좋다. 커다란 전나무 그루터기에 앉아도 보고, 아이들과 나이
테도 함께 세어 보자. 그 나무의 세월에 아이나 어른이나 놀랄 따름이다.

홈 페 이 지 http://www.naesosa.org/
인근 여행지 직소폭포, 새만금방조제, 채석강, 영상테마파크, 곰소항, 곰소염전
나들이 tip 아침 일찍 전나무 숲을 걸어보자. 내소사에 내려오는 전설을 읽고 대웅전 안의 없어진
'포'를 찾아 보자. 대웅전의 예쁜 꽃창살을 비교해 보는 것도 큰 즐거움.

직소폭포 숲길

전북 부안에 있는 직소폭포는 내변산에서 오를 수도 있지만 내소사를 통해서
오를 수도 있다. 아직 아이들이 어린 경우에는 내변산 방향에서 실상사를 거
쳐 직소폭포로 올라가는 것이 좋다. 아이들이 고학년이라면 내변산이나 내소
사에서 시작하여 직소폭포를 지나는 걷기 코스를 모두 걸어도 좋다.

우리 가족은 내변산에서 실상사를 거쳐 직소폭포를 보고 출발장소로 다시 내
려오는 코스를 선택했다. 가까운 거리라 금방 둘러볼 수 있을 것이라 예상하
고 물병 하나만 들고 간식도 챙기지 않고 출발을 했다. 그러나 숲속을 걷다 보
니 잠자리, 나비, 들꽃 같은 아이들의 관심거리 천지. 어른들은 걷기만 하지만
아이들은 이런 것들과 마주치면 좀처럼 자리를 뜨지 못한다.

실상사를 지나 잠시 쉬려고 들른 계곡 물속에 요즘 쉽게 볼 수 없는 민물가재

직소폭포의 계곡물에는 요즘 보기 힘든 민물고기들이 많이 살고 있다.

와 민물새우가 가득했다. 계곡 물에서 가재와 새우를 잡고 그것들을 다시 풀어주고 나서야 직소폭포로 향할 수 있었다. 덕분에 8km를 완주하는 데 무려 네 시간 이상 걸렸다. 아무리 가까운 거리라고 해도 아이들과 움직일 때는 간단한 간식거리와 물은 필수다.

홈 페 이 지 http://www.buan.go.kr/02tour/
인근 여행지 내소사, 고사포해변, 영상테마파크, 새만금방조제, 채석강
나들이 tip 직소폭포 가는 길에 계곡에서 민물새우와 가재 잡기 놀이를 즐겨보자. 아이들이 퍽 즐거워한다.

제주 사려니 숲길

제주 사려니 숲길은 옛날 말을 키우던 목동들이 다녔던 숲길이다. 그 어떤 숲

길보다 호젓하고 아름다운 사려니 숲길 입구에는 예쁜 삼나무 숲길이 있어 더욱 마음이 설렌다.

제주의 아름다움을 고이 간직하고 있는 이 숲은 16km 정도 길이의 오솔길로 되어 있어 아이들과 걷기에 참 좋다. 아직 아이가 어리다면 유모차를 끌고 가도 좋다. 걷는 내내 새소리를 들을 수 있고 숲에서 불어오는 솔바람과 싱그러운 나무 향을 만날 수 있다. 사려니 숲과 길 하나를 사이에 두고 맞붙어 있는 절물휴양림도 아주 멋진 곳이다. 제주 중산간의 아름다운 숲을 한 곳만 둘러보기에 조금 아쉽다면 두 곳 모두 둘러보면 좋다.

홈 페 이 지 http://lohas.jejusi.go.kr
인근 여행지 절물휴양림, 제주 돌문화공원, 산굼부리, 제주 축산진흥원 목마장, 성읍민속마을, 용눈이오름
나들이 tip 아이들 컨디션에 따라 16km 숲길 중에서 일부를 걷고 돌아오는 코스를 선택해도 좋다.

제주 사려니 숲길은 경사가 완만해 아이들과 걷기 좋다.

비자림은 비자나무 한 종으로 숲을 이룬 세계 유일의 비자나무 숲이다.

제주도 비자림

아이들을 데리고 산책하기 좋고 너무나 아름다운 숲, 비자림. 이곳은 수령 500~800년이 넘는 비자나무 2,800여 그루가 밀집하여 자생하고 있는데 비자나무가 한 곳에 이처럼 많은 곳은 이곳이 유일하다고 한다. 비자림 걷기의 총 길이는 1.2km로 비교적 짧아서 아이들과 함께 걷더라도 3~40분이면 충분히 걸을 수 있다.

비자나무에는 각각 관리번호가 있는 표찰이 달려 있는데 001번은 새천년 비자나무로서 수령이 800년이 넘는 가장 오래된 나무다.

비자림은 천연기념물 제374호로 지정되어 보호되고 있으며, 비자나무 숲 속에서 삼림욕을 하면 혈관이 유연해지고 자연건강 휴식 효과가 있는 것으로 전해진다. 용눈이오름이나 만장굴로 이동하면서 중간에 잠시 들르면 좋다.

홈 페 이 지 http://lohas.jejusi.go.kr/
인근 여행지 용눈이오름, 만장굴, 김녕굴, 해녀박물관
나들이 tip 아이들과 숲길을 거닐면서 001 번호인 새천년 비자나무를 찾아 보자.

섬 특유의 시원한 바람과 나무 냄새가 인상적인 울릉도 내수전 옛길.

울릉도 내수전 옛길

울릉도에는 여러 숲길이 있지만 아이들과 함께 가벼운 마음으로 거닐 수 있는 곳이 바로 내수전 옛길이다. '내수전 옛길' 이란 이름은 울릉도의 개척민이라 할 수 있는 김내수라는 사람이 화전을 일구던 곳이라 해서 그 이름에 밭전(田) 자를 붙여 '내수전' 이라 불려진 것으로 전해진다.

울릉도는 쉽게 갈 수 있는 곳은 아니다. 우리 가족이 울릉도를 갔을 때 가고 싶은 곳은 많고 일정은 짧아 사실 내수전 옛길을 걷기 위해 일부러 시간을 내기가 쉽지 않았다. 그래서 처음에는 내수전 일출 전망대를 다녀온 후, 잠깐 시간을 내 내수전 옛길을 조금 걸었다.

그럼에도 그 짧은 산책을 하는 동안 맡았던 나무 냄새와 시원한 바람을 잊을 수 없다. 특히 내수전 옛길에 설치되어 있는 나무 데크 의자에 누워 아이들과 한참 동안 산림욕을 했는데, 아주 기분이 좋았다. 아직 단풍으로 물들지 않은 초록의 잎들 사이로 들어오는 따사로운 햇볕이 지금도 얼굴에 쏟아지는 듯하다.

울릉도 여행 마지막 날 우리는 잠시 시간을 내 내수전 옛길을 다시 걸었다. 사실 우리의 일정 속에는 울릉도를 한 바퀴 도는 해상관광이 있었는데 그것보다 역시 숲길을 걸은 것이 더 나았다는 생각이 든다. 특히 아이들을 데리고 울릉도 여행을 갔을 때는 해상관광보다는 숲길 걷기를 추천한다.

홈 페 이 지 http://www.ulleung.go.kr/tour/
인근 여행지 내수전일출전망대, 석포일출전망대, 저동항, 봉래폭포
나들이 tip 울릉버스를 타고 천부까지 가고 다시 천부에서 석포리까지 가서 내수전으로 나오는 것이 좋다.

꽃길을 걸어요

- 선운사 동백숲

- 백련사 동백숲

- 지리산 산수유마을

- 선암사 오백년 매화

 꽃이 있는 곳은 계절에 상관없이 볼거리를 제공한다. 화사하게 피어나는 벚꽃이 있는 봄길을 걸어도 좋고, 배롱나무(목백일홍) 꽃이 피는 여름에 사찰이나 정원을 산책하는 것도 좋다.

아이들은 떨어진 꽃을 주워서 그 생김새를 관찰한다. 잎이 붙어 있는지 떨어져 있는지도 꼼꼼하게 살펴보고, 수술은 몇 개가 있는지도 관심을 갖는다. 아이들은 걸으면서 나뭇잎도 관찰하고, 곤충을 보면서 호기심이 발동한다. 꽃길을 걷는 것은 아이들에게 자연스럽게 자연을 만나게 하는 것이다.

선운사 동백숲에는 무려 2,000여 그루의 동백나무가 숲을 이루고 있다.

선운사 동백숲

'선운사에 가본 적이 있나요 바람 불어 설운 날에 말이에요.

동백꽃을 보신 적이 있나요. 눈물처럼 후두둑 지는 꽃 말이에요.'

가수 송창식이 부른 이 노래를 좋아해 학생 때부터 동백꽃이 떨어질 때 꼭 한 번 선운사에 가고 싶었다. 그러나 그때를 맞추기란 참 쉽지 않다. 가족과 함께 전북 고창의 선운사로 간 날, 나름 시간을 맞춘다고 갔지만 결국 뚝뚝 떨어지는 선운사 동백꽃은 보지 못했다.

선운사 동백숲은 유명하다. 사찰 뒤로 무려 2,000여 그루의 동백나무가 숲을 이룬다. 이 많은 동백나무의 꽃들이 떨어지는 것은 얼마나 장관일까. 보통 선운사 동백꽃은 3월 말부터 피기 시작해 4월 말에 절정을 이룬다고 한다. 그러나 선운사에는 동백숲만 있는 것이 아니다. 선운사까지 올라가는 도솔천 주위의 길도 좋다. 봄이면 도솔천 주위로 피어나는 꽃무릇이 군락을 이루어 장관을 이룬다.

또 가을이면 이곳에서 국화축제가 열린다. 미당 서정주의 '국화 옆에서'가 태어난 곳이 바로 이곳이다. 가을에 가면 선운사 일대는 온통 국화 천지. 붉게 물든 산과 선운사는 또 얼마나 아름다운지. 선운사를 지나 선운산 입구까지 올라가는 길도 산책하기에 좋다. 그러나 아이들을 데리고 갈 경우에는 주차장에서 선운사까지만 다녀와도 충분하다.

홈 페 이 지 http://www.seonunsa.org/
인근 여행지 고창 고인돌유적지, 고창 청보리밭, 고창읍성
나들이 tip 동백이 필 때나 꽃무릇이 필 때 방문하면 좋다. 봄에 가면 청보리밭축제에도 참여해 보자.

백련사 동백숲

남도 답사 1번지는 역시 전남 강진. 다산초당에서 백련사에 이르는 숲길을 따라 동백숲에서 바라보는 강진만은 그 어떤 곳보다 푸르다. 거기에 천년 세월을 품은 사찰 백련사는 그 어떤 절보다 소박해서 더욱 아름다운 절이다. 붉은 동백꽃이 아름답다고 생각하는 것은 잠시, 송두리째 떨어지는 모습은 슬프도

강진 백련사 동백꽃도 선운사, 춘장대 등의 동백꽃과 함께 유명하다.

록 아름답다. 그래서 꽃이 피었을 때도 아름답지만, 꽃이 떨어지고 난 다음에
도 아름다워 동백은 두 번 봐야 제격이라고 하는 모양이다. 그러나 우리가 이
곳 백련사 동백숲을 방문했을 때에는 안타깝게도 동백꽃은 이미 지고 없었다.
이 동백숲에서 조금만 돌아가면 바로 다산초당이다. 정약용이 유배 당시 이곳
에 10년간 머문 곳으로 '다산'은 그의 호다. 다산초당과 백련사 근처에는 야
생차가 많은데 바로 이곳이 우리나라 차 문화의 산실이다.

홈 페 이 지 http://www.baekryunsa.net/
인근 여행지 다산초당, 강진청자박물관, 두륜산 케이블카
나들이 tip 다산초당에서 백련사로 오르는 숲길을 꼭 걸어보자. '아름다운 숲 전국 대회'에서 수
상한 길이다.

지리산 산수유마을

샛노란 꽃구름으로 봄을 알리는 산수유꽃. 산수유꽃 하면 떠오르는 곳은 바로

노란 산수유꽃이 눈이 부신 지리산 산수유 마을은 고로쇠나무 수액으로도 유명하다.

지리산 산수유마을이다. 이곳은 산수유가 집 앞은 물론 들이고 산이고 지천으로 피어난다. 산수유꽃은 100m 미인이라고 한다. 꽃을 아주 가까이에서 보면 꽃 속에 꽃이 있고 그 속에 수술이 달려 있는 데서 나온 말이다.

20여 가구가 모여 살고 있는 상위마을에 봄이 오면 산수유 축제를 즐기려는 인파로 인산인해를 이루는데, 이곳에서 나는 고로쇠나무 수액도 유명하다. 여름에도 지리산에서 흐르는 계곡 물을 찾아 피서를 즐기려는 사람들이 많이 찾는다. 모기도 없는 곳이라 아이들과 함께 방문해서 시원한 계곡에 발을 담그고 놀기 좋은데, 사람들로 넘치는 유명 바닷가보다 한적함을 즐기기에도 좋다.

홈 페 이 지 http://www.sansuyu.kr
인근 여행지 지리산온천관광단지, 구례 화엄사, 남원 광한루
나들이 tip 산수유마을을 아이와 함께 천천히 걸어 보자.

선암사 500년 매화

전남 순천시 승주읍에 있는 선암사는 학창 시절에 항상 마음에서 떠나지 않던 사찰이었다. 선암사는 작가 조정래의 고향이다. 학창 시절, 조정래의 대하소설 《태백산맥》이 나올 때마다 한 권씩 사서 밤새 읽곤 했는데, 지금도 기억에 남는 것 중 하나는 지리산의 사계절 풍경을 매우 사실적으로 묘사한 것이다. 그래서 《태백산맥》을 읽으면서 지리산을 가보고 싶었고, 선암사를 가보고 싶었으며, 선암사의 명물인 홍매를 꼭 한 번 만나고 싶었다.

선암사의 매화는 '선암매'라고 하는데, 원통전과 각황전을 따라 운수암으로 오르는 담길에 50주 정도 심어져 있다. 원통전 담장 뒤편의 백매화와 각황전 담길의 홍매화가 천연기념물 제488호로 지정되었다.

홈 페 이 지 http://www.sunamsa.or.kr/
인근 여행지 송광사, 낙안읍성민속마을, 순천만 생태공원, 순천 드라마촬영장
나들이 tip 우리나라에서 가장 오래되고 아름다운 선암사의 해우소에 들어가 볼 일 보기

《태백산맥》의 저자 조정래가 태어난 선암사에는 500년 된 매화가 지금도 피고 있다.

꽃 축제의 매력은 무엇일까?

- 에버랜드 튤립축제

- 서울대공원 장미축제

- 서울대공원 왕벚꽃축제

개나리, 진달래, 산수유, 매화가 이미 활짝 피고, 벚꽃은 군데군데 피기 시작할 즈음이면 마음이 분주해진다. 겨우내 추위 때문에 꼼짝 않고 있다가도 꽃이 피기 시작하면 아이들을 데리고 나들이를 다녀오고 싶은 마음이 들기 때문이다. 봄꽃놀이는 가도 후회, 안 가도 후회한다는 말이 있다. 꽃 놀이 인파로 인해 사람도 많고 차도 막혀서 고생스럽기 때문이다.

고생이 무서워 나들이를 망설일 때는 집 근처 공원을 나가 보자. 집 근처의 조금 큰 공원이라면 어디를 가든지 봄꽃이 흐드러지게 핀다. 사실 꽃 나들이라고 해서 별개 아니다. 김밥과 간식을 준비해서 아이들과 함께 나누어 먹고 꽃이 피어 있는 나무를 배경으로 뛰어놀 수 있는 운동장이나 잔디밭이 있으면 최고의 꽃 나들이가 된다.

각 놀이공원과 수목원들에서는 꽃축제를 테마별로 진행한다.

에버랜드 튤립축제

튤립축제의 튤립들은 온실에서 잘 가꾸어서 꽃이 필 무렵 행사장에 옮겨 심는 거라 날씨가 추우면 활짝 피지 않아 예쁘지 않다. 그래서 에버랜드 튤립축제는 3월 중순에 시작하지만 4월 중순 정도 되어야 꽃도 활짝 피고 벚꽃과 개나리, 진달래도 피어서 꽃동산을 이룬다.

놀이공원의 축제는 큰 기대를 하고 가면 실망을 하고, 가볍게 마음먹고 가도 많은 사람에 치여 힘들 수도 있다. 언제나 사람은 많고, 놀이시설 하나라도 이용하려면 길게 늘어선 줄 때문에 짜증이 나기 때문이다. 그러나 구석구석을 걸어 다니며 꽃구경이나 하고 와야겠다고 떠나면 더할나위 없이 좋다.

놀이공원이 가장 붐빌 때는 당연히 어린이 날, 가장 한산할 때는 중간고사와 기말고사 1주일 전이다. 대한민국 대부분 학생들이 시험을 준비하고 있기 때문이다. 아이들이 어려 시험과 무관하다면 바로 이때 한산한 놀이공원을 맘껏 즐기다 올 수 있다.

홈 페 이 지 http://www.everland.com/
인근 여행지 삼성화재 교통박물관, 호암미술관, 희원
나들이 tip 아침에 일찍 서둘러서 출발한다. 자유이용권 50% 할인카드를 이용하는 것은 기본.

서울대공원 장미축제

과천에 있는 서울대공원은 아이들에게 다양한 볼거리와 놀거리를 제공하는 곳이다. 여러 행사 중에서 아이들과 함께 가기 제일 좋은 때는 장미축제 때다. 5월이면 장미원의 장미들이 활짝 피어서 많은 이들의 설렘에 답한다. 장미원에는 무려 200여 종의 장미 2,000여 그루가 저마다 다양한 색상으로 꽃을 피워내는데 그 모습이 아주 장관이다.

장미원을 방문할 때는 돗자리와 김밥을 꼭 준비해서 가는 것이 좋다. 장미원 한편으로 아이들이 마음껏 뛰어놀 수 있는 잔디한마당이 있고 그 옆으로 자작나무와 잣나무 숲이 있다. 그 나무 그늘 아래 돗자리를 펴고 아이들이 뛰어노는 모습을 보고 있으면 정말 행복하다. 다른 축제처럼 이곳 장미축제 기간에도 다양한 공연을 한다. 아이들이 좋아하는 공연은 단연 마술공연. 그리고 음

서울대공원에서는 장미축제와 왕벚꽃축제 등 다양한 꽃 축제를 여는데 공간이 넓어
사람이 아무리 많아도 조금만 찾아보면 한적한 장소를 찾을 수 있다.

악에 맞추어 바닥분수가 나오면 아이들은 옷이 젖는 것도 아랑곳하지 않고 신

나게 논다.

서울대공원 왕벚꽃축제

아이들과 함께 꽃놀이를 갈 때는 아이들이 뛰어놀 수 있는 넓은 잔디밭이 있

는 곳이 좋다. 아이들은 어디서나 뛰어놀 수 있는 공간만 있어도 좋은데, 공놀

이나 원반던지기 같은 놀이를 겸한다면 아이들에겐 최고의 나들이가 된다. 이

런 조건을 만족시키는 곳이 바로 서울대공원이다. 4월 말이면 서울대공원의

왕벚꽃은 활짝 피어난다. 서울대공원 왕벚꽃은 청계산 자락에 있어서 그런지

여의도 윤중로의 벚꽃보다는 3~4일에서 늦게는 1주일 정도 더디게 핀다.

홈 페 이 지 http://grandpark.seoul.go.kr/
인근 여행지 국립과천과학관, 국립현대미술관, 경마장중앙공원, 한국카메라박물관
나들이 tip 돗자리와 간식 준비는 필수. 장미축제 때는 바닥분수 놀이를 하는 아이들을 위해 여벌
의 옷과 수건 준비 역시 필수.

케이블카 타고
산에 올라요

- 설악산 케이블카

- 통영 한려수도 조망 케이블카

- 남산 케이블카

- 울릉도 독도전망대 케이블카

아이들이 유모차만 타고 다니다 걷기도 하고 뛰기 시작하면 부모는 조금씩 욕심이 생긴다. 그 욕심은 다름아닌 높은 산에도 아이들과 함께 오르고 싶고 경치가 좋은 숲길이나 해변 길도 걷고 싶은 것. 이 시기에 아이들과 높은 곳으로 갈 수 있도록 해 주는 것이 바로 케이블카다. 아이들과 높은 산에 올라 멋진 풍경을 함께 볼 수 있다는 것만으로도 아주 매력적인 여행이 된다.

케이블카를 이용할 경우에는 인터넷이나 현장 예약을 하는 것이 좋다. 그렇지 않으면 현장에서 두세 시간씩 기다리고 타야 한다. 현장에서 케이블카 티켓을 구입해야 한다면 시간이 남을 때 갈 수 있는 곳을 미리 알아두자.

아이와 함께 움직일 때는 케이블카와 같은 이동 수단을 최대한 이용하는 것이 좋다.
사진은 설악산 케이블카.

설악산 케이블카

설악산 여행을 가면 케이블카를 타고 권금성에 오르고, 신흥사 경내를 둘러본
후 비선대까지 산보를 하거나, 울산바위에 올라 야호를 한 번 부르고 오는 것
이 일반적인 코스라 할 수 있다. 이 중에서도 아이들과 함께 하면 좋은 것이 바
로 권금성 케이블카와 비선대까지 이어지는 숲길을 걷는 것이다. 설악산 케이

블카는 신형이다. 그래서 예전에는 오전 9시에 가도 오후 2~3시에 탑승할 수 있었는데 요즘은 5분마다 50명씩 탈 수 있어 기다리는 시간이 그리 길지 않은 것이 장점이다. 설악산 케이블카를 타고 권금성을 오를 때 아이들은 아래로 내려다보이는 풍경을 보면서 환호성을 내지른다. 아이들 눈에는 모든 게 신기할 뿐. 케이블카에서 내려 15분 정도 올라가면 권금성의 정상인 봉화대에 도착한다. 봉화대에서 깃대가 있는 곳까지 올라가면 만물상, 공룡능선 같은 외설악의 멋진 경치와 병풍처럼 펼쳐지는 울산바위의 웅장함을 한눈에 볼 수 있다. 멀리 보이는 속초 시내와 푸른 동해바다를 찬찬히 감상해 볼 수도 있다.

홈 페 이 지 http://www.sorakcablecar.co.kr
인근 여행지 울산바위, 신흥사, 비선대, 물치 설악해맞이공원, 아바이마을, 속초등대전망대
나들이 tip 아침 일찍 서둘러 방문. 탑승까지 시간 여유가 있을 경우 탑승권을 구입하고 비선대까지 걸어갔다 오자.

통영 한려수도 조망 케이블카

경남 통영시 미륵산에 가면 아름다운 한려수도의 섬들과 통제영 300년의 역사를 가진 통영을 한눈에 볼 수 있는 케이블카가 있다. 아침 일찍 서둘러 채비를 하고 미륵산으로 이동했음에도 매표소에는 이미 줄이 길게 늘어서 있다. 표를 구하고 보니 40분 후에 출발. 그동안 숙소 옆에서 산 충무김밥으로 아침 식사를 대신하고 케이블카를 타고 올랐다. 드넓게 펼쳐진 남해바다 곳곳에 들어선 섬들의 모습은 역시 장관이다.

그런데 통영시에는 '충무'김밥을 비롯해 '충무'마리나리조트 등 곳곳에 '충무' 란 단어가 들어 있다. 통영시와 충무는 무슨 관계일까? 통영시의 역사를 살펴보니, 1995년 시·군 통합 때 독립해 있던 충무시와 통영군이 합쳐지면서 통

통영 한려수도 조망 케이블카를 타고 올라가면 미륵산 정상에 이른다.

영시로 된 것으로 나온다. 다시 역사를 거슬러 올라가면 1914년 용남군과 거제군이 합쳐져서 통영군으로 되었다. 1953년에 거제군이 분리되어 나가고 1955년에 통영읍이 충무시로 승격이 된 것으로 나온다. 다소 복잡한 흔적이다.

홈 페 이 지 http://www.ttdc.co.kr
인근 여행지 전혁림 미술관, 해저터널, 충렬사, 전통공예관, 동피랑 벽화마을, 박경리기념관
나들이 tip 충무김밥이나 오미사 꿀빵을 간식으로 준비해서 미륵산 정상에서 먹으면 꿀맛.

남산 케이블카

서울 사람들이 가까이에 두고도 쉽게 가지 못하는 곳이 남산이 아닌가 싶다. 예전에는 남산 팔각정 바로 아래까지 승용차를 타고 올라갈 수 있었지만 지금은 셔틀버스나 케이블카를 타든지 아니면 걸어서 올라가야 한다.

남산 케이블카는 오랫동안 서울의 명물이다. 옛날 시골에서 올라와 케이블카를 타고 남산에 올라 서울 시내를 내려다보면 서울 구경을 다했다고 할 정도였다. 서울에 산다 할지라도 한번쯤 케이블카를 타고 남산에 오르면서 서울 시내 구경을 해보는 것은 아이들에게 좋은 추억거리로 남는다.

케이블카에서 내리면 봉화대와 N서울타워로 길이 이어진다. 굳이 N서울타워에 올라가지 않더라도 날씨가 맑은 날에는 타워 아래 전망대에서 멋진 서울의 풍경을 즐길 수 있다. N서울타워 주변 담장에는 주렁주렁 사랑의 열쇠들이 매달려 있다. 저마다 사연을 간직한 열쇠들이다. 군대를 가거나, 사랑을 고백하거나, 해외로 떠나거나 저마다 사연은 다르지만 그 마음만은 모두 각별하다.

홈 페 이 지 http://www.cablecar.co.kr
인근 여행지 서울성곽길, 남산한옥마을, 남산국악당, 남산분수대, 남산테디베어뮤지엄
나들이 tip 대중교통 이용, 오전에 서둘러서 탑승하자. N서울타워셔틀 운행코스 및 시간을 미리 확인하고 가자.

N서울타워 주변 담장에는 다양한 이야기가 담긴 열쇠로 가득 차 있다.

울릉도 독도전망대 케이블카

울릉도에 가면 여행을 패키지로 오는 사람이 정말 많다는 것을 깨닫게 된다. 그리고 이들이 꼭 가는 곳이 바로 독도전망대 케이블카. 그러다 보니 날씨가 맑은 날 케이블카 승강장에는 전국에서 모여든 여행객들로 발 디딜 틈이 없다. 가족과 함께하는 자유여행이라고 해도 울릉도까지 온 마당에 독도전망대 케이블카를 타지 않으면 후회할 듯해 우리도 그 줄에 끼었다. 독도전망대에 오르니 울릉도 도동항이 한 눈에 보였다. 날씨가 좋은 날에는 87km 떨어진 독도까지 전망할 수 있다는데, 안타깝게도 날이 흐려 보이지 않았다.

독도전망대 케이블카 승강장 바로 옆에는 쏘는 듯한 맛이 인상적인 도동 약수터와 독도박물관이 있다. 독도박물관 입장료는 무료. 박물관에 들어서면 가장 먼저 독도의 모습을 생중계하는 모니터가 보인다. 그외 독도의 생태계 사진, 독도에 관한 옛 문헌과 외국 문헌들, 지도 등이 전시되어 있고 독도를 지키고 있는 사람들, 아주 오래 전부터 독도의 소중함을 외쳤던 사람들의 자료도 전시되어 있어 독도에 대한 이해를 돕고 있다.

울릉도의 생활 모습과 옛 풍습을 이해할 수 있는 전시물들도 아이들에게는 인기가 있다. 나리분지에서 봤던 너와집도 전시장 안에 재현되어 있고, 울릉도 주민들이 사용했던 옛 생활 도구들도 전시되어 있어 아이들에겐 좋은 체험학습장 역할을 한다.

홈 페 이 지 http://www.ulleung.go.kr/tour/
인근 여행지 독도박물관, 도동약수터, 도동항, 도동 해안산책로
나들이 tip 날씨가 아주 맑은 날 케이블카에 탑승해야 풍경을 제대로 감상할 수 있다.

울릉도 동도항구 풍경.

수목원을 걸으며
두런두런 이야기해요

- 벽초지문화수목원

- 베어트리파크

- 꽃무지풀무지수목원

- 산방산비원

- 천리포수목원

 경치 좋은 산을 둘러가는 둘레
길, 바다의 풍광을 함께하는 올레길, 역사의 뒤안길을 돌아보는 나들길 등 수없이 많
은 길들이 만들어지고 있다. 물론 이 길들은 '새로' 만드는 길이 아니라 이미 있던 길들
을 잇는, 그럼으로써 잊혀진 길에 대한 재발견이다.

그러나 아이들이 너무 어리거나 유모차를 끌고 다녀야 하는 여행이라면 이런 길들
은 빛 좋은 개살구일 수밖에 없다. 아이들이 조금만 더 크면 함께 거닐 수 있을 것이라
는 작은 소망으로 남겨두어야 한다. 물론 걷기 여행을 할 수 있는 유명한 길에서도 아
이들과 쉽게 거닐 수 있는 코스를 찾을 수 있다. 그 대안으로 수목원 둘러보기를 추천
한다. 아이들과 손을 잡고 곤충을 관찰하고 밤도 주울 수 있는 그런 수목원이 우리 가
까이에 있다.

벽초지문화수목원은 인공적인 조형미보다는 자연스러움이 돋보이는 곳이다.

벽초지문화수목원

경기도 파주에 있는 벽초지문화수목원은 한동안 아이들과 함께 가고 싶은 나들이 장소 1순위에 올라 있었던 곳이다. 말만 듣고 가보고 싶은 1순위였는데, 가보고 나서도 여전히 1순위 중 한 곳이다.

벽초지문화수목원은 자연의 감수성과 예술문화의 아름다움이 어우러진 곳이

다. 정자 파련정이 있고, 가운데 연화원이 자리를 잡고 있으며 주위에는 단풍
터널길, 버들나무길, 주목터널길, 나래길 등이 있어 어린아이들을 데리고 한
적하게 산보를 하기에 좋다. 인공 수목원이지만 자연스러움이 최대한 우러나
도록 조경을 해 놓은 것이 특징. 가까운 곳에 중남미문화원도 있어 함께 들르
면 좋다.

홈 페 이 지 http://www.bcj.co.kr
인근 여행지 필룩스조명박물관, 송암천문대, 장흥 아트파크, 서삼릉, 원당종마목장, 중남미문화원
나들이 tip 넓은 잔디밭이 있어 아이들이 뛰어놀기 좋다.

베어트리파크

45년간 숨겨져 있다가 2009년 5월 일반인들에게 개장된 베어트리파크도 단
연 우리 가족의 1순위 나들이 코스다. 충남 연기군에 있는 이곳은 개장 직후

베어트리파크의 오색연못에는 우리나라 관상어대회에서 1등을 배출한 비단잉어들이 모여 있다.

기사를 보고 바로 찾아갔는데 정말 멋진 곳이었다.

베어트리파크의 주인 이재연 씨 부부가 45년간 가족과 함께 나무를 심고 화초를 가꾸면서 만든 이곳은 무려 10만여 평 대지에 1,000여 종, 40만여 점에 달하는 꽃과 나무들뿐만 아니라 반달곰, 사슴, 비단잉어까지 있다. 특히 처음 한 쌍으로 시작되었던 반달곰은 현재 무려 150여 마리나 된다.

안타까운 것은 결혼 50주년을 앞두고 일반 개장을 하기 한 달 전 부인이 실족사로 운명을 달리한 것. 이야기를 알고 간 탓인지 구석구석 돌아보면서 더욱 정성을 느낄 수 있었다. 아이들에겐 수목원 풍경뿐만 아니라 반달곰을 가까이에서 맘껏 볼 수 있는 최고의 생태학습장이다.

홈 페 이 지 http://www.beartreepark.com
인근 여행지 독립기념관
나들이 tip 5시간 이상 쉬엄쉬엄 볼 생각으로 여유롭게 도착하자. 온라인 티켓 예매를 하면 2천원 할인된다.

꽃무지풀무지수목원

가평에는 아침고요수목원과 꽃무지풀무지수목원이 있다. 청평을 지나 검문소에서 좌회전을 해서 한참을 가면 아침고요수목원 이정표가 보인다. 이곳에서 1.5km를 더 가면 꽃무지풀무지수목원이 있다. 지척에 있는 수목원이지만 분위기는 180도 다르다. 어떤 사람은 아침고요수목원이 거제도의 외도(외도해상공원)이고 꽃무지풀무지수목원은 소매물도라고 표현했다. 소박하면서도 아기자기한 맛이 있는 꽃무지풀무지수목원을 매우 적절하게 표현해 놓고 있다.

숲과 동물, 새와 곤충, 자연과 인간이 함께 어우러지는 꽃무지풀무지수목원

야생초를 잘 가꾼 꽃무지풀무지수목원은 자연의 아름다움을 최고로 느낄 수 있는 곳이다.

을 우리 가족이 찾아간 때는 늦가을. 매표소 아저씨가 "꽃이 별로 없다."며 혹
시라도 꽃을 보러 왔다 실망할까 염려하는 눈치다. 그러나 수목원에 꽃만 보
러 가는 것은 아니다. 꽃을 보려면 꽃 피는 계절에 맞춰 가야 하는 것이 방문자
의 에티켓.

우리가 꽃무지풀무지수목원을 늦가을에 찾은 것은 나무와 풀냄새를 맡으며
그냥 아이들과 한적하게 숲을 산책하고 싶었기 때문이다. 역시 꽃무지풀무지
수목원은 우리의 기대에 어긋나지 않았다. 심지어 한 번 끊은 티켓으로 가을
한 달 동안 사용할 수 있단다. 꽃이 피는 계절에 이곳이 얼마나 아름다울까.
다음에 꼭 다시 가고 싶은 곳이다.

홈 페 이 지 http://www.mujimuji.co.kr
인근 여행지 남이섬, 쁘띠프랑스, 아침고요수목원, 청평유원지, 베어스타운스키장
나들이 tip 한적한 곳으로 풀과 나무 냄새를 맡으러 갈 때 방문하기 좋다. 다양한 체험 프로그램이 있
으므로 홈페이지를 확인하고 가자.

산방산비원

거제도의 산방산비원은 고향의 들과 꽃밭처럼 따뜻한 마음의 안식처다. 산방산비원에 앉아 있으면 어디에서나 산 사이로 바다가 조금씩 보인다. 그 너머로는 한산도도 보인다. 이곳은 풍수지형상 우리나라에서 보기 드문 금계포란형으로 좋은 기가 모여 있는 곳이어서 앉아 있는 것만으로도 건강에 좋다고 한다.

이곳은 버려지다시피 했던 산자락의 계단식 다랑논을 개조해서 만든 곳이다. 다랑논의 축대 역할을 했던 석축을 그대로 살려 그곳에 나무와 꽃을 심고, 산책로와 연못을 만들었는데 3만여 평의 수목원에 무려 1천여 종의 수목과 야생화가 자라고 있다. 규모로 보면 크지 않지만 강원도 자생식물원처럼 수목원 주위의 산과 바다와 경계가 없어 마치 커다란 숲에 들어온 듯하다.

이곳이 개장된 것은 2007년 6월. 서울 창덕궁의 옛 이름과 같은 '비원'이라는 명칭을 붙이기에는 다소 부족한 면이 있지만, 개장된 지 얼마 되지 않아 많이 알려지지 않은 곳으로서 비밀스런 수목원임에는 틀림없다. 수목원 안에 카페

풍수지리적으로 앉아 있는 것만으로도 건강에 좋다고 하는 거제도 산방산비원 풍경.

가 있어 샌드위치, 차, 팥빙수를 먹을 수 있다. 입구 가까이에는 식당이 하나 있어 산채비빔밥, 돈가스, 우동 등의 식사도 간단히 할 수 있다.

홈 페 이 지 http://www.beeone.co.kr
인근 여행지 바람의언덕, 해금강, 학동몽돌해변, 외도 보타니아
나들이 tip 바다를 계속 보다가 한적한 수목원 길이 걷고 싶을 때 방문하기에 좋은 곳이다.

천리포수목원

충남 태안군에 있는 천리포수목원은 국제수목학회에서 12번째로 지정한 '세계에서 아름다운 수목원'이기도 하다. 원래 모래 언덕이었던 이곳을 지금처럼 아름다운 수목원으로 만든 사람은 한국 사람이 아닌 푸른 눈의 미국인. 1945년에 미군 정보장교로 한국에 첫발을 들이고 1962년에 천리포수목원 부지를 매입해서 현재 수목원의 토대를 만든 그는 1979년에는 아예 '민병갈'이라는 이름으로 귀화했다. 천리포 수목원에는 민병갈 선생의 생전 글귀가 새겨져 있다.

'나는 3백년 뒤를 보고 수목원 사업을 시작했다. 나의 미완성 사업이 내가 죽은 뒤에도 계속 이어져 내가 제2조국으로 삼은 우리나라에 값진 선물로 남기를 바란다.'

천리포수목원은 한 외국인의 한국 사랑과 자연 사랑 이야기를 동시에 아이들에게 들려줄 수 있는 곳이다.

홈 페 이 지 https://www.chollipo.org/
인근 여행지 만리포해변, 태안 신두리사구, 팜카밀레허브농원, 몽산포해변, 간월암
나들이 tip 바다를 바라보며 앉을 수 있는 의자에서 아이들과 한동안 휴식을 취해보자. 하루에 두 번씩 실시하는 수목원 해설을 듣는 것도 또 다른 재미다.

녹차의
푸르름과 함께

- 대한다원

- 설록다원 & 오설록 뮤지엄

5천년 역사를 가진 인류의 기호식품 차. 차에 대한 수요는 점차 늘어나고 있다. 아이들을 데리고 차밭으로 떠나는 여행은 또 다른 즐거움을 준다. 아이들이 차 맛을 알리는 만무하지만, 손쉽게 구할 수 있는 차가 어떻게 만들어지고 어떤 경로를 통해서 우리 손에 오게 되는가를 동시에 배울 수 있기 때문이다.

층층이 경사진 특유의 녹차밭 풍경은 아이들의 탄성을 자아낸다. 사진은 대한다원.

대한다원

녹차의 대명사는 전남 보성이다. 역시 보성, 하면 떠오르는 것도 바로 녹차다. 이렇듯 보성에는 여러 녹차 밭이 있지만 가장 유명한 곳이 대한다원이다. 유명하다 보니 이곳을 방문하는 사람도 정말 많다. 아예 수십 대의 관광버스가 하루 종일 북적인다. 뿐만 아니라 밀려드는 관광객을 위하여 건물도 더 들어

섰다. 한적한 차밭이 아니라, 관광지다. 그럼에도 아이들을 데리고 이곳을 다시 가는 이유는 이 너른 차밭과 삼나무숲 등 대한다원만의 매력 때문이다. 특히 얼마 전 갔을 때는 비온 직후여서 맘껏 싱그러움을 느낄 수 있어 더욱 좋았다. 따라서 아이들을 데리고 한적하게 차밭을 둘러보고 싶다면 아침 일찍 방문하거나 비 온 후에 바로 방문을 하는 것이 좋다. 그 시간을 맞추기 어렵다면 봇재다원, 제2대한다원 같은 다른 차밭을 가는 것도 좋은 선택이다.

홈 페 이 지 http://www.dhdawon.com
인근 여행지 보성봇재다원, 율포해수욕장(해수탕), 제암산 자연휴양림, 장흥5일장
나들이 tip 아침 일찍 또는 비 갠 후에 방문하면 한적한 산책이 가능하다.

대한다원의 또 다른 매력은 입구의 삼나무 숲으로서 방풍림으로 조성됐다.

우리의 전통 차 문화를 무료로 관람할 수 있는 오설록 뮤지엄.

설록다원 & 오설록 뮤지엄

제주도 서귀포시 안덕면에 있는 설록다원과 오설록 뮤지엄은 넓게 펼쳐진 차밭도 구경하고, 한적하게 차를 마시며 쉴 수 있을 뿐만 아니라, 전통문화를 배울 수 있는 공간이기도 하다. 아모레퍼시픽의 녹차 브랜드인 '설록'을 홍보하기 위한 전시장이기도 하지만, 고려, 신라, 조선시대 등의 차 관련 유물들을 둘러볼 수 있고 다양한 차 종류를 눈으로 확인할 수 있는 곳이다.

오설록 뮤지엄에는 주변 경치를 볼 수 있도록 전망대를 만들어 놓았는데 넓은 차밭과 제주 풍광이 일품이다. 제주에 있는 만큼 주변에 있는 평화박물관, 유리의성, 생각하는정원, 산방산 등을 둘러보고 들르면 좋은 곳.

홈 페 이 지 http://www.osulloc.co.kr
인근 여행지 생각하는정원, 유리의성, 카멜리아힐, 제주조각공원, 산방산, 용머리해안
나들이 tip 아이들과 함께 녹차밭 사이를 걷자. 전망대에서 바라보는 한라산 풍경도 감상하자. 아이들은 녹차 아이스크림, 어른들은 녹차를 한 잔씩 마시며 잠시 휴식을 취하기에 좋다.

소금은
어떻게 만들어질까?

• 소금박물관 & 태평염전

• 곰소염전

전라남도는 천일염 생산량이 29만
6천 톤으로 전국의 87%를 차지한다. 특히 슬로시티로 유명한 증도를 포함한 전라남
도 신안군은 국내 천일염 생산량의 65%를 차지, 최고의 천일염 생산지역으로 꼽힌다.
소금은 오래 묵을수록 좋다. 그 이유는 간수가 완전히 빠지기 때문이다. 진짜 좋은 소
금의 끝맛은 그래서 단맛이 난다. 아이들에게 진짜 소금맛을 알게 하는 것은 평생 미각
을 갖게 하는 것이다.

전통방식 그대로 소금을 채취하고 있는 증도의 태평염전 앞에는
소금에 관련된 국내 유일의 소금박물관이 있다.

소금박물관 & 태평염전

우리 가족이 증도를 찾은 것은 텐트를 들고 7박8일간 전국일주를 할 때였다.
전남 증도를 여행지로 선택한 가장 큰 이유 중 하나는 아이들에게 우리나라
천일염이 생산되는 현장을 보여주고 싶었기 때문. 소금이 만들어지는 과정을
실제 보는 것은 교과서에서 배우는 것보다 백 배 기억에 남는다.

천일염은 바닷물을 염전에 가두어 햇볕과 바람으로 건조시켜 만든다. 건조는 증발 상태별로 3단계로 나뉘는데, 1차 증발지에서 염도를 높인 뒤 2차 증발지로 옮겨 염도를 더 올리고, 마지막 단계인 결정지로 보내진다. 바닷물이 소금이 되기까지는 15℃ 이상에서 날씨가 좋으면 25일 정도가 걸린다.

이 천일염 제조 과정을 한눈에 볼 수 있는 곳이 우리나라 최고의 염전인 태평염전 입구에 있는 소금박물관이다. 규모는 크지 않지만 전시물을 통해 천일염의 제조과정, 소금의 역사 등에 대해 배울 수 있다.

홈 페 이 지 http://www.saltmuseum.org
인근 여행지 짱뚱어다리, 우전해수욕장, 증도갯벌생태공원(전시관), 대초리 화도
나들이 tip 소금밭 체험 프로그램을 예약해야 한다. 염전 생태공원과 소금집을 따라 산책해 보자.

곰소염전

전북 부안에 있는 곰소항과 곰소염전은 허영만의 《식객》에서도 아주 좋은 천일염이 나는 곳으로 소개가 되어 있다. 그만큼 소금맛이 좋은 염전이다. 곰소염전은 서해안 갯벌을 거쳐 들어오는 바닷물을 증발하는 탓에 맛이 복합적이고 은은한 단맛이 난다. 맛이 복합적이라는 것은 그만큼 영양소가 풍부한 미네랄을 많이 함유되어 있다는 증거다.

국산 천일염 소금이라도 계절에 따라 약간의 차이가 있는데 한여름 소금이 가장 좋다. 바람이 없어 입자가 크고 일정하며, 일조량이 많고 지열도 강해 증발이 원활하게 이루어지기 때문이다. 대신 봄, 가을의 소금은 바람이 많고 일조량이 적어 입자 크기가 불규칙하고 짠맛이 여름 소금에 비해 강하다.

곰소항 주변에는 곰소염전에서 생산된 소금을 이용하여 젓갈을 만드는 공장

들과 이곳에서 만들어진 젓갈을 판매하는 상점들이 즐비하다. 그래서 이곳 곰
소항에서는 젓갈정식도 유명하다. 염전도 둘러보고 온갖 싱싱한 물고기와 해
풍에 말린 건어물이 가득한 곰소항을 둘러보는 것도 좋다.

홈 페 이 지 http://www.buan.go.kr/02tour/
인근 여행지 내소사, 직소폭포, 새만금방조제, 채석강, 영상테마파크, 곰소항
나들이 tip 내소사 가는 길에 잠시 들러 소금집과 염전을 둘러보자.

소금밭이라는 의미인 염전은 밭처럼 구획을 나눠 바닷물을 가두고
햇볕에 물을 증발시켜 천일염을 얻는다. 사진은 곰소염전.

동굴,
여름엔 시원하고
겨울엔 따뜻한 곳

* 용연동굴

* 환선굴

* 만장굴

아무리 교육에 좋고 살아있는 경험이 된다 하더라도 동굴만 가기 위해서 여행 일정을 짜기란 쉽지 않다. 그래서 평소에 가고 싶은 동굴을 메모해 두었다가 근처로 여행을 떠나게 되면 중간에 잠시 들러보는 것이 좋다. 동굴은 한여름에 땀을 뻘뻘 흘리다가도 동굴 입구에서는 옷을 꺼입어야 한다. 그만한 피서가 없다.

뿐만 아니라 동굴에는 다양한 동식물이 서식하고 있다. 사람이 많이 드나드는 시간에는 금방 찾을 수 없겠지만 가기 전, 동굴에 살고 있는 동식물에 대해서 이야기하고 가면 훨씬 아이들의 이해도를 높일 수 있다.

용연동굴 내에서는 헬멧을 쓰고 낮은 자세로 다녀야 하는데,
정말 동굴탐험을 하는 듯 스릴이 넘친다.

용연동굴

강원도 태백 용연동굴은 우리나라에서 제일 높은 곳에 있는 동굴이다. 그만큼
계단이 가파르고, 동굴 안에서도 낮은 자세로 가야 하는 등 특히 안전사고에
유의해야 하는 곳이다. 그래서 용연동굴 입구에서는 머리를 보호하는 헬멧을
하나씩 나눠주는데 헬멧을 쓰고 들어가면 진짜 동굴탐험이라도 하듯 스릴

이 넘친다. 용연동굴은 약 3억 년에서 1억5천만 년 전에 생성된 석회동굴로서 동굴 내부에는 동굴산호, 종유석, 석순, 유석, 커튼 등이 많다. 가장 인상적인 것은 동굴 안에 펼쳐진 폭 50m, 길이 130m, 높이 30m의 대형광장. 동굴 속에 이렇듯 큰 공간이 있다는 것 자체도 놀랄 일이지만 주변의 신비로운 경관은 입을 다물 수 없다. 용연동굴은 강원도 기념물 제39호로, 강원도 태백시 화전동에 위치한다. 동굴 위로는 등산 애호가들이 좋아하는 백두대간의 주봉인 금대봉 능선이 지나간다.

홈 페 이 지 http://tour.taebaek.go.kr/
인근 여행지 황지연못, 추전역, 매봉산 바람의언덕, 구와우 해바라기축제, 석탄박물관
나들이 tip 겨울이나 여름에 방문하면 좋다. 헬멧을 꼭 착용하고 탐방해야 한다.

환선굴

예전에는 바로 옆 대금굴에만 모노레일이 있었으나 지금은 환선굴에도 모노레일을 운행하고 있어 아이들을 데리고 가기에 좋다. 굴 내부만 둘러보는 데 1시간 정도 걸려 아이들과 함께 산길을 오르고 내리다 보면 2시간도 넘게 소요된

용암이 흘러 만들어진 만장굴은 일년 내내 15도 정도의 기온이 유지돼 여름에는 시원하고 겨울에는 따뜻함을 느낄 수 있다.

다. 특히 어릴수록 오가는 데 시간이 많이 걸리기 때문에 최소한 3시간 정도를 예상하고 올라가야 한다.

강원도 삼척에 있는 환선굴 입장권이면 동굴뿐만 아니라 강원도 산골의 굴피집, 통방아, 너와집을 둘러볼 수 있다. 동굴 입구까지 가면서 다양한 야생화를 보는 건 덤. 동굴 입구에는 탄성을 자아낼 만한 종류석과 석순, 석주 등이 있는데 삼라만상, 오련폭포, 꿈의 궁전, 도깨비 방망이, 악마의 발톱, 지옥교, 사랑의 맹세와 같은 독특한 이름들로 시선을 붙잡는다.

홈 페 이 지 http://tour.samcheok.go.kr/
인근 여행지 삼척해양레일바이크, 삼척 바다열차 (삼척–강릉 왕복), 용화해변, 민물고기전시관, 대금굴
나들이 tip 도보 이용시 어른 기준 2시간이 걸리므로 3시간 이상 할애를 해서 차분하게 둘러보자.

만장굴

제주도에는 화산이 폭발하고 그 용암이 아래로 흘러내리면서 생성된 천연 동굴이 많다. 만장굴도 이렇게 생성된 천연 동굴 중 하나이고 석주, 종유석이 많고 동굴의 규모 면에서도 세계적이라 할 수 있다. 천연기념물로 지정이 되어 있을 뿐만 아니라 세계자연유산에도 등재된 곳으로 동굴 내부가 정말 아름답다. 만장굴 가까이에 있는 김녕굴 역시 유네스코에서 지정한 세계자연유산에 포함되어 있는 곳이다. 제주도의 용암 동굴은 강원도 지역의 석회 동굴과는 차이가 있으므로 아이들과 함께 용암 동굴의 특징을 찾아보는 것도 좋다.

홈 페 이 지 http://lohas.jejusi.go.kr/
인근 여행지 비자림, 용눈이오름, 만장굴, 김녕굴, 해녀박물관
나들이 tip 더울 때나 비올 때, 겨울에 가면 더 좋다.

목장길따라
발길 거닐어

- 안성목장

- 대관령삼양목장

- 양떼목장

🌳🌳**우리 가족은** 목장 나들이를 좋아한다. 우리가 목장을 좋아하는 이유는 한적하게 거닐 수 있는 산책로가 있는 데다 우유 짜기, 치즈 만들기, 아이스크림 만들기, 송아지 우유 주기, 소꼴 주기 등과 같은 다양한 체험 프로그램이 있기 때문이다. 뿐만 아니라 낙타, 마차, 트랙터 등을 타는 재미는 목장 나들이에서만 가능하다. 집에서 가까운 목장의 홈페이지를 방문해서 입장 가능 여부, 진행 중인 체험 프로그램을 꼼꼼하게 챙겨보고 떠나자. 목장 나들이 역시 아침 일찍 서둘러야 아이들이 여유롭게 체험 프로그램에 참여할 수 있다.

푸른 호밀밭이 인상적인 경기도 안성목장은 호밀이 한창인 4월 말에 가는 것이 가장 좋다.

안성목장

인터넷에서 '안성보리밭'이라 불리며 인기 있는 곳이 바로 농협중앙회 안성목장이다. 보리밭으로 유명하지만 사실 호밀밭이다. 경부고속도로 안성 나들목에서 공도읍사무소 방향으로 6km만 가면 바로 안성목장이다. 안성 한우에게 먹이기 위해 사료용으로 재배하는 안성목장 호밀은 5월 말에 수확한다. 따라서 아이들을 데리고 가기 가장 좋은 때는 4월 말이다. 이때쯤이면 목장 주변 과수원의 하얀 배꽃과 청보리밭을 연상케 하는 호밀의 푸르름을 맘껏 즐길 수 있기 때문이다. 최근에는 목장 내에 승마체험장이 생겨 아이들에게 승마 체험도 시킬 수 있다.

홈 페 이 지 http://tour.anseong.go.kr/
인근 여행지 서일농원, 안성허브마을, 안성남사당바우덕이풍물단, 너리굴문화마을, 태평무전수관
나들이 tip 호밀이 푸르고 배꽃이 필 때 가면 좋다. 매점이 없으므로 간식을 꼭 챙겨야 한다.

대관령삼양목장

대관령삼양목장은 푸른 5월에 가도 좋고 한겨울에도 날씨가 그리 춥지만 않다면 어린아이들을 데리고 가기에 아주 좋은 곳이다. 오히려 아주 추운 날에는 전망대까지 차를 타고 올라갈 수 있다.

양에게 직접 먹이를 줄 수 있는 대관령 양떼목장.

한겨울 대관령삼양목장 안에는 얼음썰매장이 생긴다. 이것은 목장 내 개울물이 언 것으로 다른 계절에는 1급수 맑은 물이 흐르고, 산천어, 수달, 쉬리, 버들치 등이 서식하는 맑은 계곡물을 만날 수 있다. 얼음썰매장에는 스케이트날을 밑에 넣은 썰매, 얇은 ㄱ철판을 잘라서 만든 썰매 등 다양한 종류의 썰매가 준비되어 있는데 어린이용, 어른용, 가족용 등 크기도 다양하다. 넉넉하게 준비돼 있어 굳이 썰매를 타기 위해 기다릴 필요도 없다.

홈 페 이 지 http://www.samyangranch.co.kr
인근 여행지 양떼목장, 신재생에너지전시관, 한국자생식물원, 월정사, 상원사, 한국앵무새학교, 허브나라
나들이 tip 차를 타고 전망대까지 올라가면 동해바다가 한눈에 보인다. 겨울이면 눈썰매, 얼음썰매를 타며 즐길 수 있다.

양떼목장

사계절 다양한 색깔과 분위기로 한국의 알프스라 불리는 곳이 바로 대관령 양떼목장이다. 연인과 데이트하기에 좋은 코스로 산책로가 만들어져 있는데, '양 먹이 주기 체험'을 할 수 있어 아이들을 데리고 가기에 좋은 체험학습장이다. 이곳은 어린이는 입장료 대신 양 먹이를 사도록 하고 있다.

옛날 영동고속도로 대관령 휴게소에 주차를 하고 조금만 걸어 올라가면 양떼목장이 나타난다. 이곳 역시 유명한 곳이라 서둘러 가도 200m 정도 줄을 서야 한다. 기다림에 지치지 않고 즐겁게 놀기 위해서는 서둘러 가는 것이 좋다.

홈 페 이 지 http://www.yangtte.co.kr
인근 여행지 대관령삼양목장, 신재생에너지전시관, 한국자생식물원, 월정사, 상원사, 한국앵무새학교, 허브나라
나들이 tip 한적하게 산책을 하면서 아이들이랑 두런두런 이야기하기에 좋다. 양에게 건초 먹이 주기 체험을 할 수 있다.

일출과 일몰,
보기 쉽지 않아요

• 안면도 꽃지해변

• 제주 차귀도 일몰

• 경주 대왕암 일출

여행을 가서 해 지는 시간이 되면 바다 위로 아름답게 떨어지는 낙조를 사진으로 잘 담아내고 싶은 욕심이 든다. 그런데 막상 일몰이 진행되면 빛의 양이 생각보다 많지 않아 멋진 일몰을 잡아내기가 쉽지 않다. 일출의 경우도 마찬가지다.

일몰은 정말 짧은 순간이어서 사전에 카메라 세팅을 해 놓아야 한다. 삼각대를 설치하고 초점은 태양이나 바다 위의 섬, 섬의 나무 등에 맞춘 다음, 촬영모드는 수동으로 전환하여 조리개와 셔터 스피드를 조절하면서 일몰의 순간을 하나씩 차분하게 담아내면 좋다.

추운 날씨에 바닷가에서 일몰을 기다리고 있을 때, 아이들은 조개를 주우며 놀곤 한다. 아이들의 관심사는 일몰보다는 해변에서 움직이는 작은 게나 조개다. 아이들의 노는 모습을 카메라 렌즈 속으로 들여다보면 붉게 물든 서해의 낙조보다 더 아름답게 느껴진다. 아이들과 여행하면서 느끼는 가장 큰 즐거움이다.

바다를 배경으로 멋진 낙조와 아이들을 카메라에 담는 것은 아빠로서 큰 즐거움이다.
사진은 낙조로 유명한 안면도 꽃지해변.

안면도 꽃지해변

아름다운 서해의 낙조를 볼 수 있는 대표적인 곳 중 하나가 바로 안면도 꽃지
해변이다. 넓은 백사장과 완만한 수심, 맑고 깨끗한 바닷물로 유명한 곳이라
해마다 백만 명이 넘는 방문객이 찾을 정도다.

물이 빠지면 고둥, 게, 조개 등을 잡을 수 있고, 전국에서 낙조로 가장 유명한

제주도에서 우연히 찍을 수 있었던 차귀도 일몰 풍경.

할미바위와 할아비바위가 있어서 사진작가들이 즐겨 찾는 곳이기도 하다. 안
면도에서는 제일 큰 해수욕장이고 아이들이 게나 조개를 잡을 수 있어 사철
가족 여행지로도 각광을 받는다.

홈 페 이 지 http://tour.taean.go.kr/
인근 여행지 꽃지해안공원, 안면도 자연휴양림, 안면암, 간월암
나들이 tip 꽃지해변 일몰은 장관이다. 일몰을 기다리며 아이들과 게, 고동, 조개를 잡아 보자.

제주 차귀도 일몰

제주도 남서쪽에 있는 대정쪽에서 제주시로 이동을 하면서 하늘을 잠시 바라
봤다. 날씨가 멋진 일몰 풍경이 될 듯한 느낌이 들어 바로 자구내 포구로 이동
했다. 포인트 점검을 해 보았으나 해가 방파제 위로 떨어질 것 같아 다시 북쪽

으로 이동했다. 멀리 한경면의 풍력 발전소가 보이고 왼편으로는 차귀도가 보였다. 신창고산 2차선 해안 도로를 따라 잠시 이동한 후에 차에서도 일몰이 보이는 곳에 주차를 해 두고 혼자서 바닷가를 따라 차귀도 사이로 해가 떨어지는 포인트로 이동을 했다. 바닷가 억새길을 한참을 걸어간 후에야 자리를 잡고 해가 떨어지기를 기다려 마침내 일몰을 찍어냈다. 이 길이 제주올레길 12코스라는 것을 나중에 집에 와서 지도를 보고서야 알았다.

홈 페 이 지 http://cyber.jeju.go.kr/
인근 여행지 생각하는정원, 오설록티뮤지엄, 유리의성, 제주올레길 12코스
나들이 tip 올레길 12코스를 잠시 걷다 일몰을 감상하자.

경주 대왕암 일출

석굴암 본존불인 석가여래불상이 정면으로 바라보는 곳이 바로 이곳 문무대왕릉이다. 삼국통일을 완수한 문무왕은 통일 후 불안한 국가의 안위를 위해 죽어서도 국가를 지킬 뜻을 가졌다. 그래서 유언으로 자신의 시신을 불식에 따라 화장하여 동해에 묻으면 용이 되어 국가를 편안하게 지키겠다고 했다.
대왕암으로 일출을 보러 간 날, 숙소에서 새벽 4시 반에 나와 40분 정도 차로 달렸다. 아직 잠이 덜 깬 아이들을 깨우지만 아이들은 좀처럼 잠에서 깨어나지 못한다. 졸린 눈을 치켜뜨더니만 다시 이내 눈을 감아버린다. 아직 아이들이 어린 탓이다. 일행 중 가장 학년이 높은 4학년짜리만 일출을 감상했다. 일출을 보여주고 싶은 건 부모 욕심이다.

홈 페 이 지 http://guide.gyeongju.go.kr
인근 여행지 감은사지, 불국사, 석굴암, 신라 밀레니엄파크
나들이 tip 아이들과 일출을 보기 위해서는 전날 일찍 자도록 해야 한다.

절은 왜 산속에
있을까?

- 수덕사

- 용문사

- 전등사

- 불국사

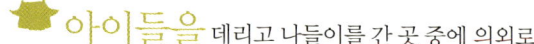아이들을 데리고 나들이를 간 곳 중에 의외로
사찰이 많다. 일부러 그런 것은 아니었는데 곰곰 생각해 보니 일주문에서 대웅전까지
가볍게 산책을 할 수 있기 때문이 아니었나 싶다. 특히 아이들이 놀이공원도 가지 못할
정도로 어릴 때 주로 많이 갔는데, 유모차를 끌고 올라가 한적하게 나들이를 할 수 있
어 좋았다. 아이들이 어느 정도 걷기 시작해도 사찰 나들이는 좋다.

대부분의 오래된 사찰은 산 속에 있어 역사 공부와 여행을 함께할 수 있다. 사진은 수덕사.

수덕사

충남 예산에 있는 수덕사는 현존하는 백제 유일의 사찰이고, 대웅전은 가장 오래된 목조 건축물이다. 젊은 시절 직장 동료들과 갔던 사찰을 딸의 손을 잡고 갔을 때는 기분이 조금 묘했다. 때마침 찾아갔을 때 템플스테이를 하고 있어 경내에도 사람들이 적잖았다.

스님들이 사용하는 밥그릇인 발우는 크기별로 밥그릇, 국그릇, 청수그릇, 찬
그릇 등 네 개로 구성된다. 식사를 마치고 나서는 이 그릇들이 설거지가 필요
없을 정도로 깨끗해야 한다. 따라서 먹을 만큼만 담아야 한다. 수덕사에서 스
님들의 발우공양에 참여했던 적이 있는데, 아이들이 어느 정도 자라면 발우공
양이나 템플스테이에 꼭 한 번 참여하도록 하고 싶다.

홈 페 이 지 http://www.sudeoksa.com
인근 여행지 한국고건축박물관, 김정희선생 고택, 서산 개심사, 서산 마애삼존불상, 덕산온천
나들이 tip 주말이면 서해안 고속도로는 심하게 정체가 되므로 서둘러 아침 일찍 출발하자.

용문사

경기도 양평에 있는 용문사는 언제 가도 좋은 절이지만 가장 좋은 때는 역시
가을 단풍 계절. 이곳에서 천 년의 세월 동안 자리를 지키고 있는 은행나무는
다른 은행나무들이 저마다 노란 나뭇잎을 자랑할 때도 푸르다. 오래된 나무라
노란색 옷으로 갈아입는데도 시간이 걸리기 때문이다. 그래서 용문사 은행나

천 년의 세월을 살아온 은행나무를 마주할 수 있는 용문사.

무의 단풍을 보러 갈 때는 다른 곳보다 조금 늦은 가을에 출발하는 것이 좋다. 용문사로 오르는 길옆에는 은행나무 가로수가 있는데, 정취를 맘껏 느끼며 걷다 용문사 안으로 들어서서 커다란 은행나무를 바라보면 가슴이 먹먹해지는 느낌이다. 유명한 관광지인 만큼 단풍철에는 사람이 가득하다. 양평군에서 주차장을 충분히 만들어 놓았으나 주차장은 늘 만원. 아침 일찍 도착을 해야 길에 버리는 시간을 줄일 수 있다.

홈 페 이 지 http://www.yongmunsa.org
인근 여행지 들꽃수목원, 경기도민물고기연구소, 양평 레일바이크
나들이 tip 용문사 천년 은행나무의 단풍을 보려면 주위의 다른 단풍이 다 떨어질 때쯤 가는 게 좋다. 용문사에 들르면 차방에서 차도 한 잔 하자.

전등사

가을날 강화도 전등사로 나들이를 떠났다. 햇빛 좋은 가을이라 어디를 가도 사람들이 붐비는 때. 전등사를 찾아간 것은 한적한 가을 산사를 보기 위해서였다. 전등사는 아래에 주차를 하고 가파른 계단과 언덕을 한참을 따라 올라

산천이 온통 붉게 물드는 가을에는 사찰로 나들이를 떠나는 것도 좋다.

가야 하는데, 산책을 겸하기 적당하다.

오래된 절은 전설을 갖고 있게 마련이다. 전등사도 예외는 아니다. 전등사에는 '참회의 나신상' 전설이 전해지는데, 전등사를 지은 도편수가 나체 여인상을 조각, 추녀 밑을 받치게 했다는 전설이다. 아이들과 함께 전등사 대웅전 네 귀퉁이에서 나체 여인상을 찾아보자.

전등사 창건은 서기 381년(고구려 소수림왕 11년)으로 현존하는 사찰 중 가장 오래된 것으로 전해진다. 우리나라에 불교가 전래된 것이 서기 372년인 것을 감안하면 얼마나 오래된 사찰인지 알 수 있다.

홈 페 이 지 http://www.jeondeungsa.org
인근 여행지 초지진, 동막해변, 마니산, 김포 덕포진교육박물관
나들이 tip 전등사의 전설을 읽고 대웅보전을 떠받치고 있는 나신상 찾기. 죽림다원에서 따뜻한 차 한 잔 하기.

불국사

학창 시절 수학여행 1번지였던 경주 불국사. 이 절은 석굴암과 함께 신라 불교 예술의 귀중한 유적으로 석가탑(불국사 3층 석탑), 다보탑, 청운교, 백운교, 연화교, 칠보교 등이 있다. 1995년 12월 석굴암과 함께 유네스코 세계문화유산으로도 지정되었다.

언젠가 아이들도 교과서에서 배울 곳이니 만큼 경주 여행에서 빼놓을 수 없는 곳. 아이들을 데리고 불국사를 방문하면서 일부러 10원짜리 동전 하나를 가져갔다. 10원짜리 앞면에 나오는 다보탑의 실제 모습을 보여주기 위해서였다. 그러나 안타깝게도 우리 가족이 방문했을 때는 보수 중이라 천막으로 싸여 있었다. 대신 사다리 계단을 타고 올라가서 안을 볼 수 있도록 하고 있었

아름다운 신라의 불교 건축을 볼 수 있는 불국사.

다. 사다리 계단을 밟고 올라가 아이에게 안을 보여줬다. 혼자 갔으면 굳이 그렇게 들여다보지 않았을 텐데, 아이를 가진 부모의 마음은 그래서 다르다.

홈 페 이 지 http://www.bulguksa.or.kr
인근 여행지 석굴암, 신라밀레니엄파크, 경주 감은사지, 문무대왕릉
나들이 tip 불국사에 가면 10원짜리 동전을 꼭 가져가서 아이들과 동전 속의 탑을 찾고 비교해 보자.

05

우리 주위에서
조상들의 흔적을 찾아봐요

전통문화의 향을 찾아서

- 국립민속박물관

- 국립중앙박물관

- 국립경주박물관

- 용인 한국민속촌

- 제주 민속자연사박물관

박물관을 생각하면 고리타분하다고 생각
하는 사람들이 많다. 그러나 요즘의 박물관은 다양한 기획전으로 친근감을 더하는 곳
이다. 아이들과 함께 나들이하기에 가장 좋은 곳 중 하나가 그래서 박물관이다. '복합
문화놀이터'라는 생각이 들 정도로 많은 프로그램을 운영하고 있으므로 아이에게 적
합한 프로그램을 찾아서 예약을 하고 가면 좋다. 의외로 아이들이 집중하면서 푹 빠져
버리는 체험 프로그램이 많다.

국립민속박물관에는 우리 전통 삶에 대한 각종 전시물이 상설로 전시되고 있다.

국립민속박물관

우리 조상들의 생활상을 배울 수 있는 곳이 바로 경복궁 내에 있는 국립민속
박물관. 국립민속박물관의 전시물들은 친근하다. 제1전시실은 한민족생활
사, 제2전시실은 한국인의 일상, 제3전시실은 한국인의 일생으로 나뉘어 진
행되고 있는데 고리타분한 민속 유물을 전시해 놓고 형식적인 운영을 하는 것

이 아니라 보다 친근감 있고 소통하는 열린 박물관을 지향, 아이들에게 최고의 체험학습장이 되고 있다. 야외에서 전통 체험놀이도 있고, 특히 명절 때는 아이들을 위한 특별 프로그램을 기획하고 있어 알찬 나들이를 할 수 있다.

홈 페 이 지 http://www.nfm.go.kr
인근 여행지 국립민속박물관 어린이박물관, 경복궁, 국립고궁박물관, 청와대, 삼청동
나들이 tip 국립민속박물관에 도착하면 바로 어린이박물관 입구에서 현장 등록을 해 놓고 상설전시장을 둘러본다. 따듯한 날에는 국립민속박물관 마당의 전통놀이도 하고 야외 전시장도 꼼꼼하게 관람한다.

국립중앙박물관

서울 용산에 있는 국립중앙박물관의 인기는 대단하다. 국립중앙박물관의 연간 방문자 수는 아시아에서는 1위, 세계적으로는 9위에 오를 정도다. 얼마나 많은 사람이 이곳을 찾는지 직접 가 보면 실감할 수 있다. 아이들 프로그램에 참여할라치면 여간 발빠르게 예약을 하지 않고는 쉽지 않다.

어린이를 위한 프로그램들은 어린이박물관의 상설 프로그램, 특별전시 연계

국립중앙박물관에서는 아이들을 위한 다양한 프로그램을 운영하고 있다.

프로그램, 기획 프로그램 등으로 진행되고 있다. 아이를 데리고 방문하기 전에는 미리 홈페이지를 방문해서 아이들에게 적합한 프로그램을 예약하는 것이 제일 좋다. 복합문화놀이터를 표방하는 국립중앙박물관은 아이들이 전시물을 쉽고 재미있게 받아들이도록 하고 있다. 예를 들면 '우리는 고고학자 가족' 같은 프로그램의 경우, 쪼개진 기와를 발굴하고 복원하여 일련번호까지 기입한 후 박물관에 보관하는 법까지 직접 체험하게 한다. 이론적으로 설명했을 때 이것을 재미있게 받아들이는 아이들은 별로 없을 것이다. 그러나 직접 기와를 발굴하는 작업을 하는 아이들은 모두 눈을 반짝이며 집중한다. 아이들에겐 더없이 좋은 산교육이 되는 것이다. 국립중앙박물관은 수요일과 토요일에 야간개장을 실시하고 한시적으로 입장료는 무료다.

홈 페 이 지 http://www.museum.go.kr
인근 여행지 국립중앙박물관 어린이박물관, 용산가족공원, 전쟁기념관, 한강공원이촌지구
나들이 tip 국립중앙박물관에서 진행하는 어린이 체험 프로그램은 예약이 필수다. 수요일과 토요일 야간 개장에 방문하면 한산한 박물관에서 여유롭게 관람할 수 있다.

국립경주박물관

경북 경주에 있는 국립경주박물관은 다양한 문화재를 통해 신라 천 년의 향기를 맡을 수 있는 곳이다. 우리나라에서는 국립중앙박물관 다음으로 두 번째로 규모가 큰 박물관으로서 꼭 가볼 만한 곳이다.

우리가 박물관을 찾아간 것은 여름 휴가철. 밖은 뜨거운 햇살로 땀이 나는데 박물관 안은 시원했다. 아이들은 특별히 재미있을 것도 없는 박물관이 에어컨으로 시원하자 일단 신이 났다.

박물관 안에 들어서면 가장 먼저 반기는 것은 '신라 천 년의 미소'의 상징인

박물관은 교육적인 요소 외에도 쾌적한 관람이 가능해 더욱 즐겁다. 사진은 경주국립박물관.

얼굴무늬수막새다. 국보도 보물도 아닌 평범한 기와지만 평범한 얼굴에 깃든
담백한 미소를 보는 순간 저절로 얼굴에 미소가 생긴다. 이 낯익은 편안함. 이
막새기와는 신라 또는 경주 하면 떠오르는 대표적 이미지 가운데 하나다. 일
제 강점기 영묘사 터에서 나온 이것은 한 일본인이 보관하다가 1972년 국립
경주박물관에 기증했다고 한다.

야외에 있는 국보 29호 성덕대왕신종, 일명 에밀레종을 보러 가서는 아이들
에게 종 표면에 그려진 그림에서 하늘로 올라가는 천사를 찾아보라고 말하며
이 종에 얽힌 이야기를 전해준다. 아이까지 시주해서 종을 만들었다는, 조금
은 끔찍하기도 한 슬픈 전설. 아이들은 정말 종을 치면 소리가 '에밀레'라는
소리가 나느냐며 신기해한다. 그러나 나 역시 종소리를 듣지 못했으니 알 수
없다.

홈 페 이 지 http://gyeongju.museum.go.kr
인근 여행지 대릉원, 안압지, 불국사, 첨성대, 석굴암, 신라밀레니엄파크, 경주양동마을
나들이 tip 국립경주박물관 뒤 연못의 오리 모이 주기. 본관에 전시되어 있는 유물 중에서 천마총에
서 봤던 것을 아이들과 찾아보기. 주말에는 전통공연이 펼쳐진다

용인 한국민속촌

전통이 살아 숨쉬는 경기도 용인의 한국민속촌. 지금은 사람이 직접 거주하는 민속마을이 전국 곳곳에 여러 개 복원되고 일반에도 공개돼 민가의 모습을 볼 수 있는 곳이 많지만 수년 전만 하더라도 우리의 전통 가옥이나 문화 공연을 보려면 한국민속촌으로 가야 했다. 예전 대부분의 사극은 한국민속촌에서 촬영했다 할 정도로 한국민속촌은 우리나라를 대표하는 민속마을이다. 물론 지금도 이곳에서 촬영을 하는 일이 많아 운 좋으면 촬영하는 모습도 볼 수 있다. 한국민속촌은 원래 사람이 살던 마을이 아니다. 하지만 역사적 고증을 갖고 면밀하게 설계된 곳이어서 이곳을 돌아다니다 보면 정말 사람들이 살아있는 것처럼 느껴진다. 최근에는 아이들을 위한 다양한 체험거리와 전통 공연이 많아 한나절을 잡고 방문을 해도 시간이 넉넉하지 않다. 따라서 안내 지도에 나

어른들은 추억에 잠기고 아이들은 조상의 문화와 생활을
자연스럽게 체험할 수 있는 용인 한국민속촌.

와 있는 모든 가옥을 방문할 것이 아니라 시간대 별로 준비되어 있는 테마 공연을 따라 동선을 잡는 것이 좋다.

홈 페 이 지 http://www.koreanfolk.co.kr
인근 여행지 경기도박물관, 백남준 아트센터, 경기도국악당, 수원화성
나들이 tip 전체 공연 시간표를 참고하여 공연 프로그램 시간을 따라 관람을 하는 것이 좋다.

제주 민속자연사박물관

탐라인의 향기와 얼을 느낄 수 있는 곳이 바로 제주시에 있는 민속자연사박물관이다. 제주도에 사는 사람들조차 제주도의 옛날 모습을 아주 잘 재현해 놓았다고 칭찬을 아끼지 않는 이곳에서는 바다와 싸우면서 살아온 강인한 선인들의 모습과 제주 문화의 향기를 맡을 수 있다. 민속자연사박물관이라고 해서 제주에 살았던 사람들의 생필품과 농기기 등만을 전시했을 것이라고 생각하는 것은 기우다. 제주의 전통문화를 볼 수 있는 민속전시실을 비롯해 제주도에서 서식하는 동식물을 보여주는 자연사전시실, 섬이라는 제주도의 특징을 잘 담은 해양종합전시관 등 다양하다. 특히 해양종합전시관에는 제주의 상징이기도 한 해녀에 관한 다양한 전시물이 있어 이해를 돕는다. 또 세계자연유산전시관에서는 유네스코 세계자연유산으로 등재된 제주도의 세계자연유산에 대한 자세한 설명과 동영상을 볼 수 있다.

홈 페 이 지 http://museum.jeju.go.kr
인근 여행지 국립제주박물관, 사라봉공원, 삼성혈, 용두암, 탑동, 삼양검은모래해변
나들이 tip 제주도는 국수가 유명한 곳. 제주 민속자연사박물관 앞에는 유난히 제주도식 국수집들이 즐비하다. 아이들과 함께 매콤한 비빔국수나 회국수를 맛보자. 매운 것을 잘 못 먹는 아이들을 위해서는 멸치국수나 고기국수를 주문하면 된다.

전통과 함께하는 민속마을

- 경주 양동마을

- 아산 외암민속마을

- 제주 성읍마을

- 북촌 한옥마을

민속마을에서는 박물관에서는 볼 수 없는 실제 생활상을 볼 수 있다. 전국적으로 주민이 실제로 거주하는 민속마을이 많기 때문에 그런 마을을 둘러보면서 아이들과 함께 옛날 조상들의 삶을 보고, 우리의 전통 가옥의 구조에 대해서도 이야기할 수 있다. 보통 민속마을 내에서는 전통문화 체험과 농촌 체험 프로그램을 운영하고 있다. 방문하기 전에 꼼꼼하게 체크를 하고 예약을 하면 민속마을 나들이가 더욱 재미난 시간이 될 것이다. 서울 북촌과 남산 한옥마을은 쉽게 찾아가 볼 수 있는 민속마을이며, 전주 한옥마을, 경주 양동마을, 안동 하회마을, 낙안민속마을 등도 꼭 가볼 만하다.

전시를 위해 꾸며 놓은 공간이 아닌 실제 주민들이 살고 있고 생활하는 공간인 경주 양동마을은 아이들이 우리의 전통을 자연스럽게 체험하기에 딱 알맞은 민속마을이다.

경주 양동마을

경주 양동마을은 얼마 전에 안동 하회마을과 함께 세계문화유산에 등재된 마을이다. 주민이 실제 살고 있는 마을이 세계문화유산에 등재된 것은 아주 특이한 경우에 속한다. 그런데 세계문화유산 등재 이후 주말이면 수천 명씩 양동마을을 방문하는 바람에 조용하던 마을이 삽시간에 시끌벅적해지고 말았

단다.

경주 양동마을은 자연과 어우러진 조선시대의 건축물을 잘 간직하고 있는 곳으로서 전통 민속마을 중 가장 큰 규모와 오랜 역사를 가지고 있다. 이곳은 경주 손씨와 여강 이씨 두 가문이 서로 협조하며 500여 년의 역사를 이어왔다.

양동마을 주민들이 권장하는 관광 코스는 6개 정도로 나뉘어져 있다. 마을 구석구석을 모두 돌게 되면 4시간 반 정도 소요된다. 아이들과 나들이를 하게 되면 이렇게 오랜 시간을 걸을 수 없기 때문에 마을의 주요 건물을 둘러보는 동선으로 걷는 것이 좋다. 중간에 쉴 장소나 편의점이 거의 없기 때문에 미리 물과 간식을 준비해야 한다. 양동마을 홈페이지를 방문하면 민박 안내와 다도 및 예절교육, 탁본체험, 떡메치기 체험 등의 프로그램 정보를 얻을 수 있다.

홈 페 이 지 http://www.iyangdong.kr
인근 여행지 옥산서원, 독락당, 대릉원, 안압지, 불국사, 첨성대, 석굴암
나들이 tip 마을 전망대에 올라가 보고 마을에서 진행하는 다양한 체험 프로그램에 참여해 보자.

아산 외암민속마을

아산의 외암민속마을은 살아 있는 민속박물관이라 불리는데, 실제 가 보면 그 말이 무슨 말인지 느낄 수 있다. 이 마을은 약 500년 전에 형성된 부락으로서 충청도 양반가의 고택, 초가의 돌담, 정원이 잘 보존되어 있는 것이 특징이다.

마을을 둘러보다 보면 가옥주인의 관직명이나 출신지명을 따서 참판댁, 병사댁, 참봉댁, 종손댁, 송화댁, 영암댁 등 이름이 정해진 것을 볼 수 있다.

특히 인상적인 것은 기와집과 초가집 등을 사이로 가로지르는 돌담길. 골목골목을 누비며 아이들이 뛰는 모습을 보다 보면 오래 전부터 이곳에서 살다 잠

놀이터도 없고 먼지가 날리는 흙길과 돌담을 어색해하던 아이들은 금방 적응하고 놀이를 찾아 즐거워한다. 사진은 아산 외암민속마을.

시 산책을 하는 느낌마저 든다. 뛰던 아이들은 양지바른 돌담 길가에 앉아 야생화를 보면서 즐거워한다. 식물원이나 산에서 보는 야생화와 다른 느낌을 아이들도 받는 모양이다. 외암민속마을에는 아이들을 대상으로 한 다양한 전통문화와 농촌체험 프로그램이 운영되고 있다. 연중 체험이 가능한 프로그램도 있지만 계절마다 프로그램이 다르게 운영되기 때문에 꼭 인터넷 홈페이지의 체험 프로그램 일정을 확인하고 전화로 문의하고 가는 것이 좋다.

홈페이지 http://www.oeammaul.co.kr
인근 여행지 세계꽃식물원, 피나클랜드, 공세리성당, 현충사, 아산 스파비스
나들이 tip 마을에서 운영하는 체험 프로그램에 참여하고 하룻밤 민박을 하면 좋다.

제주 성읍민속마을

실제 제주민이 살고 있는 제주 성읍민속마을은 1423년부터 약 500년간 정의

제주도 특유의 검은 돌담과 억새풀로 지붕을 엮은 전통가옥이 운치를 더하는 제주 성읍민속마을.

현 현청이 있었던 곳이다. 한마디로 과거 동제주 일대의 주 무대였던 곳으로 성을 쌓아 마을을 구분하고 부락을 형성한 것이다. 돌하르방과 제주 전통가옥, 막대기(정남) 3개로 주인의 유무를 알리는 대문까지 제주도민의 옛 생활을 그대로 느낄 수 있다.

일반 주민이 생활하는 집과 전시용 가구가 섞여 있는 마을로 입장료는 따로 없다. 마을을 천천히 산책하면서 제주 생활상을 볼 수 있는 것이 가장 큰 장점. 대나무나 짚으로 직접 생활도구를 만드는 모습도 볼 수 있고, 조로 빚은 제주 전통 막걸리 오메기술, 오미자원액 등을 직접 담가 파는 집도 있다.

홈페이지 http://www.seongqup.net
인근 여행지 올레 4코스, 표선해수욕장, 해비치리조트, 섭지코지
나들이 tip 제주방언을 구사하는 마을의 주민들과 이야기를 해보자.

북촌 한옥마을

북촌은 조선시대 서울의 북쪽지역을 가리켜 부르던 지명이다. 현재 '북촌한옥마을'이라고 하면 서울특별시 종로구 재동, 계동, 원서동, 가회동, 삼청동을 포함한다. 북촌한옥마을에 다녀왔다고 하면 일반적으로는 현대사옥이 있는 재동 주위를 말하기도 하지만 이곳들을 골고루 다 둘러보지 않고는 북촌을 제대로 구경했다고 할 수 없다.

북촌의 가장 큰 특징은 이곳 전체가 바로 우리 역사의 박물관이고 남아 있는 것들이 모두 문화재라는 점이다. 한국 최초로 일본과 미국을 유학한 유길준, 갑신정변을 일으킨 김옥균, '목마와 숙녀'의 시인 박인환, 윤보선 대통령, '님의 침묵'의 시인 한용운, 인현왕후 등 역사적 인물들이 살거나 잠시 머물렀던 집들이 즐비하다.

북촌 한옥마을은 관광지로 개발한 곳이 아닌 만큼 개방된 한옥에 들어가 구경을 한다거나 할 수 없다. 북촌 한옥마을의 묘미는 구석구석 돌아다니면서 사람들이 어떻게 살았나 구경할 수 있는 데 있다. 한옥마을이라고 해도 근대 위세를 떨쳤음직한 현대식 양옥집도 있고, 드라마와 텔레비전에서 봤던 풍경들을 보는 재미가 쏠쏠하다. 서울시에서는 북촌한옥마을의 8경을 정하여 관광객들에게 골목길을 돌면서 즐거움을 더할 수 있도록 'Photo Spot'을 바닥에 설치해 놓았다.

삼청동과 가회동에는 개인 박물관이 많이 들어서 있다. '닭문화관' '부엉이박물관' '북촌생활사박물관' 등은 아이들 체험학습에도 좋다.

홈 페 이 지 http://bukchon.seoul.go.kr
인근 여행지 창덕궁, 창경궁, 종묘, 경복궁, 운현궁, 인사동
나들이 tip 삼청동이나 가회동의 박물관 5종 패키지 티켓을 구입하여 하나씩 방문하자. 한옥에서 하룻밤 묵기 체험을 해보자.

성을 왜 쌓아
놓았을까요?

- 해미읍성

- 낙안읍성(낙안민속마을)

- 수원화성

우리 주위에는 성이 많다. 서울의 주위를 둘러싸고 있는 산성뿐만 아니라 서울 가까운 곳에 있는 행주산성, 남한산성, 수원화성 등 아이들과 함께 갈 수 있는 곳이 많다. 산성과 달리 마을에 쌓은 읍성은 걷기 좋은 곳들이어서 아이들을 데리고 가기에 좋다.

읍성은 비상시 군사적인 방어기지가 됐던 곳으로 조선시대 이전만 하더라도 우리나라 해안 근처에 있는 거의 모든 마을에 읍성을 쌓았고, 내륙 지방에서는 큰 고을에 읍성을 쌓은 것으로 전해진다. 조선시대 말까지만 해도 읍성이 많이 남아 있었지만 1910년 일본의 철거령으로 인해 많이 사라졌고 현재 복원·유지되는 곳은 서산의 해미읍성과 순천의 낙안읍성 정도다.

읍성은 해안가를 중심으로 성을 쌓아 군사적 방어기지로 사용한 곳을 의미한다. 사진은 충남 해미읍성.

해미읍성

서산의 해미읍성은 아이들이 신나게 뛰어놀 수 있는 넓은 잔디밭이 있어 아이들과 나들이 코스로 좋다. 해미읍성은 서해안을 방어하는 대규모 읍성이었으나 성안의 건물이 철거되고 그 안에 초등학교와 우체국이 들어선 데다 읍성도 허물어져서 한동안 흔적을 찾아볼 수 없었다. 그러던 것을 1973년, 읍성 내에 있던 민가와 관공서를 철거하고 객사, 동헌, 망루 등을 다시 설치해 현재의 모습으로 복원했다. 이곳은 1866년 병인박해 때에 천주교 신자들 1,000여 명을 처형시킨 곳으로 김대건 신부의 증조부도 이곳에서 순교했다고 전해지며, 이순신 장군이 임진왜란 전에 10개월간 근무를 한 곳으로 전해진다. 해미읍성은 현재 남아 있는 읍성으로는 가장 잘 보존된 문화재다.

홈 페 이 지 http://seosantour.net
인근 여행지 개심사, 마애삼존불상, 수덕사, 한국고건축박물관, 덕산온천
나들이 tip 해미읍성 안의 잔디밭에 돗자리를 펴고 간식도 먹고 아이들이 실컷 뛰어놀게 하자. 성곽
　　　　　 길을 한 바퀴 도는 것은 기본.

낙안읍성(낙안민속마을)

순천 낙안읍성은 대개의 성곽이 산이나 해안에 축조되는 것에 반해, 들에 축조된 야성이다. 조선시대 태조 6년에 왜구의 침입을 막고자 흙으로 성으로 쌓은 것을 인조 4년에 돌로 증축하였다고 한다. 현재 낙안읍성 안에는 200년이 넘는 집들이 보존되어 있다. 마당에는 빨래가 널려 있고, 경운기도 보이는 등 실제 사람들의 삶을 엿볼 수 있어 새롭다. 특히 성곽 위를 산책하는 내내 마을을 바라볼 수 있어 참 좋다. 방문 전에 생각했던 것보다 훨씬 마을이 넓어 시간이 꽤 소요되었다. 이곳 초가 중에서는 민박시설을 갖추고 있는 집이 있어 전통민가 체험을 할 수 있다. 아이들이 어느 정도 자란 다음에는 민박체험을 하고 싶은 마을이다.

홈 페 이 지 http://www.nagan.or.kr
인근 여행지 선암사, 송광사, 순천만 생태공원, 순천 드라마촬영장
나들이 tip 낙안읍성의 초가에서 하루 민박하며 시골살이를 경험해 보자.

수원화성

유네스코에 등재된 자랑스러운 우리 문화유산 중 하나. 이 성을 축조한 사람은 당시 최고의 실학자인 다산 정약용으로 축조 당시의 기술이 워낙 뛰어나 지금까지 원형 그대로 전혀 훼손되지 않고 보존되고 있다. 당시 이 성을 짓기 위해 발명된 것이 거중기다.

일반적으로 성을 축조하는 첫째 이유는 외부의 적으로부터 보호하기 위한 것. 그러나 수원화성은 정조 임금이 억울하게 죽은 아버지 사도세자의 능을 수원으로 옮기고, 자신의 왕위 정통성을 갖고 당시 심각했던 당쟁에서 강력한 왕권을 보여주기 위한 것이 첫 번째 목적. 사도세자 이야기를 아이들에게 들려주면 역사 공부도 하면서 성을 둘러볼 수 있다.

홈페이지 http://www.hs.suwon.ne.kr
인근 여행지 화성행궁, 방화수류정, 서북공심돈, 융건릉
나들이 tip 수원화성 근처에 있는 화성행궁에서는 매주 토요일 무예등 전통 공연이 펼쳐진다. 화성열차를 타고 구경하는 것도 재미있다.

우리 전통건축의
아름다움을 느껴요

- 경복궁

- 종묘

- 운현궁

- 소쇄원

🌱 우리의 전통 건축물의 아름다움을 느낄 수 있는 곳은 고궁, 오래된 사찰, 수백 년이 된 한옥, 소쇄원 같은 정자 등이다. 아이들에게 이런 곳을 찾아가 건축물의 역사적 의미를 설명하고 건축 방식에 대해 설명을 한다면 금방 지루해할 것이다. 아직 어린 아이들과는 고궁이나 사찰을 산책한 후 어떤 느낌이 들었는지 이야기를 나누는 것만으로도 좋다.

경복궁에서는 수문장 교대식, 세화 나누어 주기 등 다양한 이벤트가 펼쳐진다.

경복궁

경복궁은 사계절 언제 가도 좋은 곳이다. 아이들이 아직 어린 지금은 뛰어놀고 다양한 체험을 하기에 좋은 곳이어서 자주 가지만 아이들이 조금만 더 자라면 함께 역사 공부를 하면서 거닐고 싶은 곳이다. 시간마다 하는 수문장 교대 의식은 언제나 아이들이 흥미있어 하는 프로그램. 어른들에게는 뻔해 보이는 것을 아이들은 볼 때마다 재미있어 한다.

경복궁 내에서 시행되는 다양한 프로그램은 전통 문화를 체험할 수 있는 좋은 기회다. 재미있는 에피소드를 곁들인 고궁 설명 프로그램을 비롯해 왕실문화, 왕실태교, 수라간 최고상궁, 궁중음식, 역사 돋보기 등 다채로운 체험 프로그램 등이 준비되어 있다.

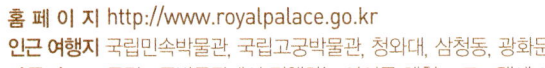

홈 페 이 지 http://www.royalpalace.go.kr
인근 여행지 국립민속박물관, 국립고궁박물관, 청와대, 삼청동, 광화문광장, 청계천
나들이 tip 국립고궁박물관에서 진행하는 아이들 체험 프로그램에 예약해 참여하자.

종묘

창경궁과 맞닿아 있는 종묘는 세계문화유산으로도 등재되어 있는 아주 귀중한 문화재다. '종묘'라고 하면 묘가 있을 것이라고 생각하지만, 이곳은 묘가 있는 곳이 아니다. 제사를 지낼 때 사용하는 신주만 있다. 세계적으로 유명한 아테네와 로마의 신전들, 그리고 이집트의 피라미드 등이 제를 올리던 곳들인데 종묘도 이와 같다고 보면 된다. 이중 현재까지 제사를 지내는 역할을 제대로 하고 있는 곳은 종묘가 유일하다고 한다. 그래서 종묘와 종묘대제, 대제 때 사용되는 제례악이 유네스코로부터 세계문화유산으로 지정된 것이다. 다만, 종묘는 국가재산이 아니라 조선의 왕가였던 전주 이씨 종친회의 소유이며, 종묘대제 또한 전주 이씨 가문에서 조상들에게 올리는 제사다.

창경궁과 종묘는 본래 한 담 안에 있었는데 일제가 기를 끊기 위해 중간에 길을 낸 것으로서 서울시는 2011년 5월부터 이 길을 복원하는 공사를 시작했다. 서울의 고궁 산책은 곧 역사를 공부하는 것이기도 하다.

종묘는 단정하고 꾸밈없는 건물로 세계문화유산에 등재돼 있다.

홈 페 이 지 http://cgg.cha.go.kr
인근 여행지 창덕궁, 운현궁, 북촌한옥마을, 서울대학교 의학박물관, 대학로 마로니에공원, 동대문 등
나들이 tip 문화재 해설사의 고궁 설명을 꼭 한 번 들어보자.

운현궁

어느 해 설날 아침, 아이들을 데리고 운현궁에 갔더니 떡국을 나눠주고 있었다. 궁에서 주는 떡국이라 그런지 맛도 아주 좋았다. 곳곳에서는 설날 세배법과 예절 배우기, 한복 입고 사진 찍기, 신년 운세 보기, 차례상 차림 설명, 풍물패 공연 등 정말 다양한 전통문화를 체험할 수 있는 프로그램이 진행됐다. 아이들을 위한 제기와 복주머니 만들기 체험을 비롯해 윷놀이, 널뛰기, 투호놀이 등이 진행되고 있었다. 날씨가 추운데도 아이들은 춥다는 소리 한 번 하지 않고 잘 놀았다.

명절 때가 아니더라도 운현궁에서는 아름다운 우리 옷 한복 전시, 목판화전,

명절에 한복을 입으면 고궁에 무료로 입장할 수 있다. 사진은 운현궁.

도자기전, 전통닥종이공예전 등 다양한 전시 및 행사가 진행된다. 또 매주 토
요일에는 고종·명성황후 가례의식이 열리고, 매주 일요일에는 흥선대원군
행차 체험도 진행되고 있다. 우리 것에 대한 자긍심을 키우고 전통문화의 우
수성을 배우는 어린이 전통예절교실로 눈여겨볼 만한 곳으로는 고궁만한 곳
이 없다. 홈페이지를 통해 세시풍속에 따라 바뀌는 체험 프로그램을 확인해
보고 가면 보다 알차게 고궁문화체험을 즐길 수 있다.

홈 페 이 지 http://www.unhyeongung.or.kr
인근 여행지 경복궁, 국립민속박물관, 창경궁, 종묘, 창덕궁, 북촌한옥마을, 인사동
나들이 tip 국립고궁박물관에서 진행하는 아이들 체험 프로그램에 예약해 참여하자.

소쇄원

전남 담양에 있는 소쇄원은 조선시대의 학자 조광조가 자연에 숨어 살기 위해
꾸민 정원으로서 조선시대 건축물 중에서도 빼어난 것으로 손꼽힌다. 현재 주

위의 다른 정원과 함께 세계문화유산에 등재하기 위한 준비를 하고 있을 만큼 세계문화유산으로도 손색없는 곳이다. 규모는 그리 크지 않지만 주위 대나무 숲과 어우러져 막상 안에 들어가면 마치 커다란 숲에 들어와 있는 듯한 느낌이 드는 곳이다. 소쇄원에서 가장 인상 깊은 것은 '제월당'과 '광풍각'이다. '비 개인 하늘의 상쾌한 달'이라는 뜻의 제월당은 조광조가 학문에 몰두했던 공간이며, '비 갠 뒤 해가 뜨며 부는 청량한 바람'이라는 뜻의 광풍각은 손님을 위한 사랑방 역할을 한 곳이라고 하는데 숲과 흐르는 계곡을 사이에 둔 이 건물들은 빼어난 풍광을 자랑한다.

홈 페 이 지 http://www.soswaewon.co.kr
인근 여행지 담양 죽녹원, 담양관방제림, 메타세콰이어 가로수길, 한국대나무박물관
나들이 tip 광풍각 마루에 걸터앉아 아이들과 시 짓기 놀이를 해보자.

자연과 어우러진 건물이 일품인 담양 소쇄원.

전통 음악과
소리를 찾아서

- 국립국악박물관

- 서울남산국악당

- 태평무전수관

- 남사당바우덕이풍물단

국악이라고 하면 고리타분하다고 생각하지만 실제 공연을 보면 그런 생각은 사라진다. 저절로 어깨가 들썩여지고 신명이 나는 것이 바로 국악이다. 아이들의 전통음악에 대한 이해를 돕기 위한 곳으로는 국립국악박물관만큼 좋은 곳이 없다. 국립국악원, 국립발레단, 국립현대미술관이 공동으로 주최하는 가족문화탐방 프로그램을 신청하면 아이들과 가족 동반으로 문화예술 체험을 즐길 수 있다. 이 프로그램은 국립국악원 홈페이지에서 예약이 가능하다.

국립국악박물관은 다양한 국악기 체험과 국악 동요를 부를 수 있는 노래방까지 갖추고 있다.

국립국악박물관

국립국악박물관은 우리 전통음악의 역사와 문화를 한눈에 보고 느낄 수 있는 곳이다. 이곳은 다양한 악기와 도서, 영상자료 등 총 3,000여 점을 소장하고 있는데, 이 가운데 450여 점이 중앙 홀을 비롯한 각 전시실에 진열되어 있다. 국립국악원 홈페이지만 보면 왠지 다른 박물관에 비해 규모도 작고 전시물도

193

아이들에게 크게 호감을 줄 것 같지 않았는데, 막상 방문한 후에는 그것이 상당한 편견이었음을 알 수 있었다. 쉽게 접할 수 없는 여러 가지 국악기를 직접 들고 연주할 수 있을 뿐만 아니라, 체험관 내에는 교과서에 나오는 국악 동요를 불러볼 수 있는 노래방까지 갖춰져 있다.

바로 옆에 있는 국립국악원 외부에도 장구, 북, 징, 꽹과리 등을 직접 쳐볼 수 있는 프로그램이 있으며, 팽이치기, 투호, 제기차기 같은 전통놀이도 할 수 있다. 무엇보다 사람이 그리 많지 않아 한적하게 박물관을 둘러보고 체험을 즐길 수 있는 것이 큰 장점.

홈 페 이 지 http://www.gugak.go.kr
인근 여행지 국립국악원, 예술의전당, 서울서예박물관, 한가람미술관, 대법원 법원전시관
나들이 tip 국악원 옆에 있는 예술의전당 분수대와 우면산으로 이어지는 야외공연장, 산책로 등을 한 코스로 연결하면 좋다.

국악 연주를 들으며 다도를 익힐 수 있는 서울남산국악당.

태평무전수관에서는 태평무를 비롯해 다양한 전통춤 공연을 무료로 관람할 수 있다.

서울남산국악당

남산국악당의 '전통문화체험 미수다(美秀茶)'는 단순히 공연만 즐기는 것이 아니라 우리 고유의 세시풍속을 바탕으로 하는 체험형 프로그램이다. 국악 연주가 바로 앞에서 연주되고, 판소리나 산조뿐만 아니라 귀에 익은 영화음악, 팝송 등을 국악기로 들어볼 수 있다. 뿐만 아니라 예절을 배우며 차를 직접 마시는 다례체험은 특히 인상적이다. 우명절과 절기에 맞추어 체험 프로그램이 조금씩 다른데 우리 가족이 참여한 프로그램은 '전통문화체험 동지 미수다' 프로그램이었다. 조상들이 불행을 쫓고 새해를 기다리며 만들었던 팥죽을 직접 만들어보고 국악공연도 보고 차까지 마시는 행사는 아이들뿐만 아니라 어른들에게도 매우 유익한 프로그램이다. 특히 이 프로그램은 한복을 입고 진행되는데 우리 전통 문화를 더욱 친근하게 이해할 수 있다.

홈 페 이 지 http://www.sejongpac.or.kr/sngad/
인근 여행지 남산한옥마을, N서울타워, 서울성곽길, 서울 애니메이션센터, 남대문시장, 명동거리
나들이 tip 남산 한옥마을 내의 남산국악당에서 전통차 시음이나 전통음악공연을 관람하자.

태평무전수관

경기도 안성의 태평무전수관은 전통무용가 강선영 선생에 의해 만들어진 문화공간으로서, 태평무를 비롯한 향발무, 부채춤, 무당춤, 검무 등 민속무용이 상설 공연된다.

태평무는 우리 민속춤이 지닌 정중동의 흥과 멋을 느낄 수 있는 춤으로서, 중요무형문화재 제92호로 지정되어 강선영 선생에 의해 전승되고 있다. 춤과 함께 이어지는 음악은 우리 민속음악의 대표적인 가락과 장단으로 아이들과 함께 장단을 맞추면서 흥겹게 볼 수 있다.

그 외 8월 한가위에 수십 명씩 손에 손을 붙잡고 부른 강강수월래, 신라시대 때 만들어졌다는 검무, 전통 리듬악기인 장고를 메고 추는 장고춤과 법고에서 유래한 북춤 등 다양한 춤을 볼 수 있다. 전통무용은 일부러 찾아가지 않으면 어렵고 낯설게만 느껴지는데, 한번쯤 태평무전수관을 직접 찾아가 우리 한국의 흥과 멋을 느끼는 시간을 가져보자.

홈 페 이 지 http://www.taepyungmu.net
인근 여행지 서일농원, 안성허브마을, 안성남사당바우덕이풍물단, 너리굴문화마을, 안성목장, 청룡사, 안성 복거마을(호랑이벽화마을), 안성맞춤박물관
나들이 tip 간단한 해설과 함께 한국무용의 진수를 볼 수 있는 공연으로 강력 추천한다.

남사당바우덕이풍물단

안성 최고의 전통놀이인 남사당 풍물놀이를 계승하고 후학을 양성하기 위해 만들어진 남사당바우덕이풍물단에서는 매주 토요일이면 무료 상설공연이 열린다. 남자들 일색이었던 남사당에서 여자 남사당으로 조선시대 최고의 연예인으로 이름을 날린 바우덕이를 계승하는 바우덕이풍물단은 전통 남사당놀

한 판 신나게 노는 남사당패의 공연을 보고 있자면 아이고 어른이고 엉덩이가 들썩인다.

이를 현대화하여 큰 인기를 모으고 있다.

바우덕이풍물단의 공연은 총 여섯 마당으로 구성되어 있고 각각의 놀이는 풍물놀이에 사용되는 악기를 배경 음악으로 사용한다. 여섯 마당의 공연을 모두 보기 위해서는 낮 공연과 밤 종합공연을 몇 차례 나누어서 관람을 해야 한다. 낮 공연은 탈춤놀이, 인형극, 살판과 버나놀이, 개인 악기놀이를 한 주에 하나씩 차례로 공연하고, 밤 종합공연은 풍물, 살판, 버나, 무동, 상모, 어름으로 구성되어 한 번에 다양한 놀이를 관람할 수 있다.

홈 페 이 지 http://www.namsadangnori.or.kr
인근 여행지 서일농원, 안성허브마을, 너리굴문화마을, 태평무전수관, 안성목장, 청룡사, 안성 복거마을(호랑이벽화마을), 안성맞춤박물관
나들이 tip 안성 바우덕이 공연을 감상하기 전 남사당놀이의 독특한 용어나 내용을 미리 아이와 같이 알아두면 좀더 재미있게 볼 수 있다.

옛 무덤의 종류는
다양하네요

- 동구릉

- 대릉원

- 강화 고인돌

🟢 아이가 어릴 때는 역사적으로 의미가 있거나 상징적인 장소라고 해도 굳이 역사 공부를 하거나 설명을 하지 않았다. 왠지 아이들에게 부담이 될 것 같기 때문이다. 그러나 고학년인 아이들과 여행을 할 때는 유적지에 대한 어느 정도의 설명은 뒤따라야 하지 않을까 싶다. 그러기 위해서는 부모가 적당히 공부를 하지 않으면 안 된다. 부모가 되어 다시 공부하는 즐거움, 그것은 아이를 키우면서 갖는 또 다른 즐거움이다.

능으로 소풍을 가면 너른 잔디와 나무가 많아 기분이 좋다. 사진은 동구릉.

동구릉

경기도 구리에 있는 동구릉은 60만 평의 크기에 9개의 왕릉이 있는 곳으로서
특히 노송이 많은 곳이라 아이들과 산책하면서 우리 문화유산의 소중함을 느
낄 수 있는 곳이다. 왕릉 사이로 한적하게 걸을 수 있는 오솔길이 있어서 어린
아이를 데리고 산책하기 더욱 좋다.

복이 새나가지 않도록 하기 위해서 왕릉 주변에 만들어진 냇물에서는 한여름 아이들을 데리고 나가 물놀이를 할 수도 있다.

동구릉 중에서 아이들과 가기 가장 좋은 곳은 입구에서 가장 멀리 떨어져 사람들의 발길이 많이 닿지 않는 조선 헌종왕의 경릉이다. 비교적 사람들이 적어 돗자리를 펴고 간식을 먹고 커다란 잔디밭에서 아이들이 맘껏 뛰어놀 수 있기 때문이다. 원래는 돗자리 반입이 되지 않으나 워낙 많은 사람들이 돗자리를 펴고 앉는 바람에 한시적으로 돗자리 반입을 허용하고 있다.

아이들과의 나들이에 경릉을 추천하는 또 다른 이유는 경릉 입구부터 왕복 9km 정도의 생태학습로가 있기 때문이다. 아이들과 함께 야생화, 곤충을 찾

능으로 나들이를 갔을 때는 뛰놀되 왕릉이라는 사실을 잊지 말자. 사진은 태조건원릉.

역사책에 나오는 천마총, 황남대총 등 총 20여 기의 고분이 모여 있는
경주 대릉원은 신라시대의 다양한 능을 알 수 있는 곳이다.

는 시간을 가지고 여러 종류의 나무와 새의 이름도 함께 배울 수 있는 시간을

갖는 것도 소중한 추억을 남길 수 있을 것이다. 동구릉에서는 놀토에 생태학

습 프로그램을 진행하고 있다. 이 프로그램은 사전에 동구릉 관리소에 전화접

수를 해야 참가할 수 있다.

홈 페 이 지 http://donggu.cha.go.kr
인근 여행지 구리 한강둔치꽃단지, 미사리조정경기장, 어린이대공원, 북서울꿈의숲, 태릉
나들이 tip 아침 일찍 도착하여 동구릉 자연학습장을 따라 산책을 하자.

대릉원

대릉원이라고 하면 낯설게 생각하는 사람이 많은데, 경주에서 가장 고분이 많

은 고분군을 이른다. 대릉원에는 가장 널리 알려진 천마총을 비롯하여 미추왕

릉, 황남대총 등 약 20기의 고분이 모여 있다. 천마총은 내부를 볼 수 있고 그 안에서 출토된 유물들도 전시를 하고 있는데, 이것들은 모두 복제품이다. 실제는 보안과 보존의 어려움 때문에 국립경주박물관에 모두 전시되어 있다.

대릉원 일대가 발굴을 시작한 것은 1960년대 후반. 처음 발굴하려고 했던 것은 황남대총이었다. 그러나 황남대총은 두 개의 고분이 붙어 있고 길이만도 무려 120m에 달하는 큰 고분이어서 발굴을 시작했지만 엄두를 못 냈다고 한다. 시간만 지나고 발굴 진도가 나가지 않자 아예 발굴을 포기하고 그 옆에 있

유네스코에 등록된 5개의 고인돌군 중 하나인 강화 지석묘.

는 작은 고분 천마총을 발굴했다. 이후 몇 년이 지나 황남대총을 발굴하고 천마총은 지금처럼 속을 볼 수 있게 만들었다.

홈 페 이 지 http://guide.gyeongju.go.kr/
인근 여행지 국립경주박물관, 안압지, 첨성대, 포석정, 불국사, 석굴암, 신라밀레니엄파크
나들이 tip 가볍게 산책하며 걷기, 천마총 유물들을 관람하면서 아이들과 국립경주박물관에 있던 유물과 같은 것을 찾아보자.

강화 고인돌

강화도는 경주와 함께 '지붕 없는 박물관'이라고 불릴 정도로 유적지가 아주 많은 곳이다. 무엇보다 강화도에 있는 청동기 시대의 고인돌 유적 강화지석묘 (사적137호)는 초등학교 교과서에도 수록되어 있는 곳이고, 한 번 보면 절대 잊혀지지 않으므로 아이들과 꼭 한 번 가볼 만한 곳이다.

강화도에는 고인돌이 150기나 있으며 그 중 제일 큰 것은 52톤가량의 덮개돌을 두 기의 받침돌이 받치고 있다. 이렇게 많은 고인돌이 있다는 것은 청동기 시대에 가장 번성한 지역임을 증명하는 것이라 한다.

강화지석묘 바로 옆에 새로 문을 연 강화역사박물관에는 고인돌의 제작 과정 등이 상세하게 설명되어 있다. 물론 청동기시대에 작성된 문서가 있거나 구전되어 오는 것은 아니므로 추론에 입각하여 고인돌을 세우는 과정을 전시, 설명해 놓은 것이지만 아이들은 매우 흥미로워한다.

홈 페 이 지 http://tour.ganghwa.incheon.kr/
인근 여행지 강화고인돌식물원, 마니산, 전등사, 용두레마을, 강화나들길 1코스, 아르미에월드
나들이 tip 고인돌의 두 개의 받침돌 위에 올려져 있는 50톤 규모의 덮개돌을 어떻게 올렸는지 아이들과 답을 찾아 보자.

장독대에는
무엇이 들었을까?

• 서일농원

• 청매실농원

고향집 우물가에는 장독대가 있고 그 장독대에서는 고추장, 된장, 간장이 익어갔다. 커다란 솥에 메주콩을 가득 넣고 장작불을 지피던 할머니 모습이 떠오른다. 할머니는 콩이 익었는지 중간에 솥뚜껑을 한 번씩 열어서 확인하곤 하셨는데, 솥에서 메주콩을 집어 먹으면 그렇게 맛이 있었다. 딱히 간식거리도 없던 시절, 그래서 나중에 방에서 메주가 익어가는 냄새가 조금은 지독해도 뜨거울 때 집어먹었던 구수한 콩 맛 때문에 다 용서가 되곤 했다.

어린 시절을 시골에서 보낸 탓인지 장독대만 보면 된장과 고추장을 만들었던 추억이 떠오른다. 요즈음 아이들은 된장 만드는 모습을 볼 기회가 없다. 직접 메주를 만들어 보는 것도 좋겠지만 간접 경험을 통해서 만들어지는 과정을 보고 이해해도 좋을 것이다.

2,000여 개의 항아리 속에서 된장과 고추장이 익어가는 안성 서일농원 풍경.

서일농원

경기도 안성의 서일농원을 대표하는 것은 2,000여 개의 옹기들이 즐비한 장독대다. 이 장독대의 옹기들 속에서 숙성되는 고추장, 된장, 장아찌는 한국의 전통방식으로 만들어진다. 서일농원에서는 이 장들로 전통음식을 차려낸다. 된장찌개를 주문하면 스무 가지 정도의 맛깔스런 반찬들이 함께 나온다.

매화나무로 둘러싸인 광양 청매실농원에는 매실장아찌등을 담는 장독대가 즐비하다.

한겨울 눈이 펑펑 내릴 때 서일농원을 찾았다 장독대에 가득 쌓인 눈들을 바라보는데 기분이 아주 근사했다. 그때의 그 감동 때문에 봄기운이 완연할 때 또 다시 서일농원에 갔다. 이번에는 눈 대신 꽃들 천지다.

서일농원에는 입장료가 따로 없다. 이곳을 방문하면 된장찌개, 청국장찌개, 손두부 같은 음식을 먹을 수 있고, 장과 장아찌를 살 수 있다. 아이들에게 멋진 항아리도 보여주고, 제대로 된 우리 음식도 먹일 수 있는 곳이어서 가벼운 마음으로 다녀오기에 좋은 곳이다.

홈 페 이 지 http://www.seoilfarm.com/
인근 여행지 안성허브마을, 안성남사당바우덕이풍물단, 너리굴문화마을, 태평무전수관, 한택식물원
나들이 tip 서일농원의 장독 관람. 솔리식당에서 된장찌개와 청국장, 두부김치를 먹으며 반찬으로 나오는 십여 가지의 장과 장아찌들의 이름을 알아보자.

청매실농원

전남 광양에 있는 매실마을은 아이들과 떠나기에는 큰맘을 먹고 가야 한다. 서울에서 워낙 거리가 멀기 때문이다. 매화마을 축제가 끝난 후에 갔는데 청매실농원의 매화가 만개했다. 날씨가 쌀쌀해서 늦게 꽃을 피운 것이다. 이렇듯 청매실농원에 매화가 활짝 피면 전국 각지에서 관광객이 셀 수 없이 많이 찾아온다.

이곳에도 장독대가 많다. 유유히 흐르는 섬진강을 배경으로 농원마당에 놓인 수천 개의 장독대는 이곳의 명물이다. 80여 년 간 가꾸어온 청매실농원의 매화들은 꽃 피는 계절에는 눈으로 사람들을 즐겁게 하고, 열매가 되어서는 장독대에 들어가 사람들에겐 귀한 건강음식으로 태어난다.

아이들이야 꽃도 관심이 없고, 매실이야 더더욱 관심 없다. 그러나 입맛이라는 것이 엄마의 손맛에 의해 길들여지는 것. 언젠가 아이들도 자라 어른이 되면 매실장아찌 하나로 밥 한 그릇을 뚝딱 비울 수 있을 것이다.

홈 페 이 지 http://www.maesil.co.kr/
인근 여행지 매화마을, 도심다원, 차문화센터, 최참판댁, 화개장터, 섬진강 재첩마을
나들이 tip 섬진강이 보이는 산책길을 따라 매화향을 맡으며 걷기. 매실 따는 계절에는 매실 따기 체험도 좋다.

06
우리 사회의
다양한 모습은 어떠할까

아이들과 함께하는
농촌체험마을

- 토고미 마을

- 청운골 생태마을

- 보리나라 학원농장

요즘은 가족 여행도 트렌드가 바뀌고 있
다. 가급적 아이들과 함께할 수 있는 테마여행이 추세를 이루고 있는데 체험여행, 교
과서 여행, 걷기 여행, 농어촌체험마을 탐방 등 다양하다. 이중에서도 농어촌체험마을
에서 농사를 짓거나 전통 놀이를 하는 것은 아이들에게 색다른 즐거움뿐만 아니라 노
동의 경건함에 대해서 배울 수 있는 소중한 기회다. 농어촌체험마을에서는 경운기도
타고 직접 밭으로 나가기도 하고, 소등 가축들에게 먹이를 주기도 한다. 봄철이면 딸
기를 따기도 하고, 짚으로 계란꾸러미도 만들고, 두부도 만든다. 뿐만 아니라 채소밭
에서 직접 상추를 따서 밥상을 차려 먹기도 하는데 평소 채소를 먹지 않던 아이들도 꿀
맛으로 먹는다. 밤에는 평상에 누워 도시에서 볼 수 없는 별을 보면서 아이들과 별 세
기 놀이를 하는 즐거움은 아늑한 추억이다.

자기가 먹을 것을 직접 구하는 경험은 아이들에게 소중하다.

토고미 마을

강원도 화천에 있는 토고미 마을은 1999년부터 친환경오리농법을 통해 녹색
농촌체험마을, 정보화마을에 선정된 곳으로서 1등 체험마을이고, 청정 유기
농 마을을 대표하는 곳이다. 이렇다 할 관광자원 하나 갖고 있지 않지만 친환
경 우렁이농법을 이용하여 유기농쌀을 생산하고 감자, 옥수수, 고추 등의 무

TV에서만 보던 것을 직접 체험해 보는 것은 아이들에게 매우 즐거운 체험이다. 토고미 마을에서.

농약 생산으로 크게 인기를 얻고 있어 토고미쌀은 주문물량을 모두 수용하지 못할 정도다. 주문이 들어오면 소량으로 마을 내에서 도정을 하여 택배로 발송을 하기 때문에 매우 반응이 좋다.

홈 페 이 지 http://togomi.invil.org
인근 여행지 평화의댐, 파로호, 파로호 안보전시관, 종박물관, 산소길, 산천어 축제장, 화천막걸리
나들이 tip 사계절 연중 농촌 체험 프로그램이 진행되므로 계절에 맞춰 참여해 보자.

청운골 생태마을

양평 청운골 생태마을은 경기도 양평군으로부터 위탁을 받아 민간에서 운영을 하는 곳이라 숙박시설의 가격이 비교적 저렴한 편이다. 독특한 너와집에서 하루를 묵으면서 한적한 나들이를 할 수 있는 것도 이 마을의 특징. 너와집은 큰방과 작은방, 부엌, 샤워실이 갖추어져 있는데 특히 황토로 만들어진 방에서 하룻밤을 자고 나면 어른들뿐 아니라 아이들도 온몸이 개운하다고 한다.

마을 주위에는 숲길을 걸을 수 있는 산책로가 만들어져 있어 아이들을 데리고 산책도 할 수 있다. 물론 생태마을의 기본이라 할 수 있는 농촌체험 프로그램과 마을 곳곳에서 민속체험도 할 수 있어 일석이조다.

우리가 방문했을 때는 가을이어서 감자 수확체험을 진행했는데, 감자를 수확해 두 마대씩 가져올 수 있었다. 두 마대면 적잖은 양. 농촌체험의 특징은 풍성한 먹거리를 집으로 가져올 수 있다는 점이다.

홈 페 이 지 http://www.chungwoongol.com
인근 여행지 용문사, 들꽃수목원, 경기도민물고기연구소, 양평 레일바이크
나들이 tip 황토 너와집에서 하룻밤 자 보자. 아이들뿐만 아니라 어른들도 새롭다

보리나라 학원농장

전라북도 고창군 보리나라 학원농장에서는 해마다 봄이 되면 청보리밭 축제가 열린다. 이곳은 청보리 외에도 가을에는 메밀, 여름에는 해바라기가 아주 유명한 곳이다. 청보리밭 축제 때는 농장 한편으로 다양한 체험행사장과 기념품 판매장이 들어선다. 마차도 타고, 경운기도 탈 수 있는데 아이들은 탈 것만 보면 모두 좋아 달려든다. 그러나 가는 곳마다 탈 것들을 다 타기에는 너무 비

5월이면 고창 곳곳에서는 푸른 보리들이 출렁인다. 사진은 청보리축제가 열리는 고창 학원농원.

용이 비싸다. 때로는 아이들 앞에서 부모는 냉정해질 수밖에 없다.

농장 안에는 구들장이 있는 황토초가집이 있다. 아이들은 모기와 파리가 있다고 싫어하지만 이럴 때가 아니면 언제 초가집에서 묵어볼까. 하룻밤을 자는데 찜질방 황토방보다 훨씬 더 개운한 느낌이 들었다. 아이들도 나중에 크면 이 맛을 알게 되겠지.

홈 페 이 지 http://chungbori.gochang.go.kr
인근 여행지 선운사, 고창고인돌유적지, 서정주 생가, 고창읍성
나들이 tip 청보리밭이 푸를 때와 메밀꽃이 필 때쯤 찾아가면 아주 좋다.

영화와 드라마는
어디서
찍는 것일까?

- KBS 수원드라마센터

- 남양주 종합촬영소

- 설악 씨네라마

아이들은 텔레비전에 나오는 드라마 주인공, 영화배우, 가수가 되고 싶어하는 꿈을 곧잘 꾼다. 또 영화감독이 되어 멋진 영화를 만들고 싶어하기도 한다. 영상매체에 익숙한 아이들을 데리고 드라마나 영화의 실제 세트를 방문하면 아이들은 매우 신기해한다. 방송국에서 만든 세트장도 있고 사설 기업에서 만들어 놓은 촬영장도 여러 곳 있다. 남양주 종합촬영소를 비롯해 설악 씨네라마, 고구려 대장간마을, 순천 드라마세트장, 나주 삼한지 테마파크, 문경새재 드라마 세트장, 단양 연개소문 세트장, 곡성 드라마 세트장 등 촬영장을 아이들과 함께 찾아가는 것도 즐거운 나들이다.

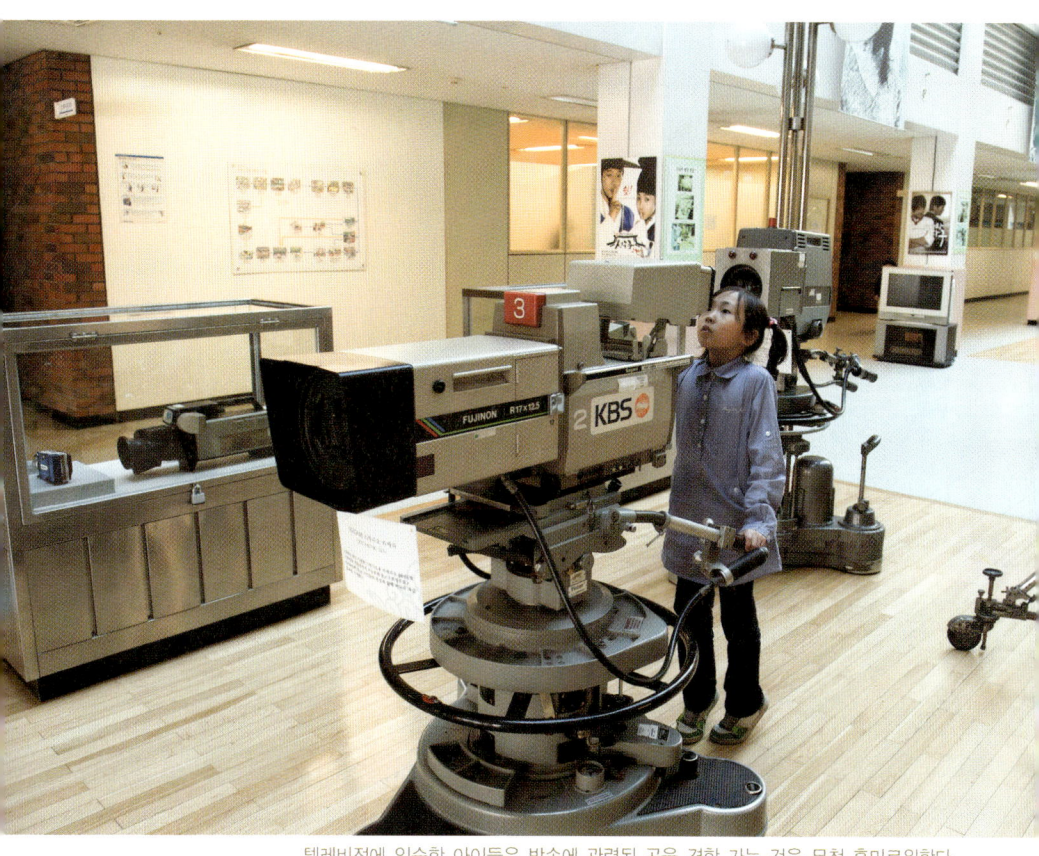

텔레비전에 익숙한 아이들은 방송에 관련된 곳을 견학 가는 것을 무척 흥미로워한다.

KBS 수원드라마센터

수원에 있는 KBS 드라마센터. KBS에서 방영하는 대하드라마, 미니시리즈,
일일 아침드라마가 모두 이곳에서 제작된다. 영화사나 광고제작사 등에서도
임대해 이곳에서 촬영을 한다. 우리가 갔을 때는 드라마〈광개토대왕〉〈근초
고왕〉〈가시나무새〉〈역사스페셜〉〈산너머 남촌〉 등의 프로그램이 제작되고

화려하게 보였던 왕실이 사실은 뻥 뚫린 세트장이라는 사실이 아이들에게는 신기할 따름이다.

있어 구경할 수 있었다.

이곳에서는 운영하는 견학 프로그램에 참여하면 간단한 오리엔테이션을 받은 후 현재 방영 중인 드라마의 실내 촬영장을 가이드를 따라 관람할 수 있다. 다른 전시장과의 차이는 드라마 촬영하는 실제 세트장을 볼 수 있고 운이 좋으면 촬영을 하는 모습을 그대로 볼 수 있다는 점. 물론 연예인도 볼 수 있다. 드라마갤러리에서는 견학하는 사람들을 위한 기념 촬영코너가 있고, 크로마키체험관에서는 TV에 출연하는 체험을 할 수 있다.

야외촬영장에는 6~70년대의 시대상을 반영한 시내 중심거리와 건축물 등이 있어 타임머신을 타고 과거로 날아간 느낌이 든다. 견학에 참여하기 위해서는 인터넷 예약이 필수. 한 회에 30명씩 선착순으로 운영되고 견학시간은 1시간 정도 소요된다.

홈 페 이 지 http://office.kbs.co.kr/suwon
인근 여행지 수원화성, 수원화성박물관, 경기도박물관, 용인민속촌, 백남준아트센터
나들이 tip 드라마센터 견학은 70분 정도 소요되므로 주위의 다른 곳과 함께 방문하는 것이 좋다.

남양주 종합촬영소

경기도 남양주시에 있는 남양주종합촬영소는 영화 관련 볼거리와 체험거리를 제공하는 아주 특별한 곳이다. 이곳은 시나리오 한 편만 있으면 영화가 완성된다고 할 정도로 촬영에서 영화 후반작업에 이르기까지 영화에 필요한 제작시설과 모든 장비를 갖추고 있다. 〈서편제〉〈쉬리〉〈공동경비구역 JSA〉〈실미도〉〈태극기 휘날리며〉 등 한국영화 대표작들이 남양주 종합촬영소의 시설과 장비, 기술에 의해 제작되었다.

이곳에서는 영화가 어떻게 만들어지고, 영화를 만드는 데 어떤 도구들이 필요하고, 영화 촬영은 어떻게 하는지 등 영화에 관련된 모든 것을 체험할 수 있다. 직접 절벽을 걸어서 올라가고, 건물을 기어올라 가는 장면을 바로 TV에서 확인할 수 있는 블루 스크린 합성 체험장은 어린이뿐만 아니라 어른들에게도 큰 볼거리. 공중전화기, 대통령 사진, 한복, 장군갑옷 등 수많은 소품들이

있는 소품창고도 신기하기만 하고 한옥집, 이발소, 중국집, 판문점 등 영화 속 현장들이 그대로 있는 외부 세트장도 신기하다. 야생화 식물원도 한켠에 있는데 워낙 볼거리가 많아 미처 그곳까지는 가지 못하는 경우가 대부분.

홈 페 이 지 http://studio.kofic.or.kr
인근 여행지 두물머리, 석창원, 세미원, 주필거미박물관, 수종사
나들이 tip 오전에 도착해서 여유롭게 영화 체험도 하고 야외 촬영장도 꼼꼼하게 둘러보는 것이 좋다.

설악 씨네라마

설악산 한화콘도 앞에 있는 드라마 〈대조영〉 촬영장은 무려 2만7천여 평의 부지에 발해의 역사 현장이 재현되어 있다. 황궁을 포함한 당나라 양식 64동과 동헌 포함 고구려 양식 52동의 세트는 가히 볼 만하다. 특히 고구려성은 고구려 양식으로는 국내 최대 규모라고 한다. 〈대조영〉 외에도 〈자명고〉〈천추태후〉 등도 이곳에서 촬영했다.

아이들을 데리고 세트장 한 바퀴 돌고 풍물패 공연까지 보고 나니 두 시간이 훌쩍 지나간다. 세트장 중간에 아이들을 위해 윷놀이, 널뛰기 등의 시설도 있고, 드라마 주인공이 입었던 옷을 빌려 사진 촬영도 할 수 있다.

어느 촬영장이나 마찬가지겠지만 세트장만 둘러보면 그리 재미가 없다. 군데군데 준비해 놓은 전통놀이도 아이들과 함께하고 공연 시간도 꼼꼼하게 챙겨서 참가하면 훨씬 다양하게 즐길 수 있다.

홈 페 이 지 http://www.seorakcinerama.co.kr
인근 여행지 설악워터피아, 속초시립박물관, 척산온천, 설악테디베어팜, 아바이마을, 속초등대전망대
나들이 tip 실내 시설보다는 야외 시설 위주이므로 날씨가 따뜻한 날에 가는 것이 좋다.

영화〈공동경비구역JSA〉의 세트장이 그대로 있는 남양주촬영소.(위)
대규모 세트장으로 〈대조영〉등 고구려 시대를 배경으로 하는 드라마를 촬영한 설악 씨네라마.(아래)

화폐와
금융의 역사를
알 수 있는 곳

- 한국은행 화폐금융박물관

- 한국금융사박물관

아이들에게 어려서부터 경제관념을 갖게 하는 것은 아주 중요하다. 국내외의 다양한 화폐를 볼 수 있고 화폐를 만들어서 폐기할 때까지의 과정을 볼 수 있는 화폐금융박물관과 한국금융사박물관은 아이들에게 경제 개념을 심어주기에 좋다. 딱딱할 것이라는 예상을 깨고 아이들이 의외로 흥미로워한다.

화폐금융박물관에서는 전세계의 화폐와 돈이 만들어지는 제조과정을 배울 수 있다.

한국은행 화폐금융박물관

한국은행 화폐금융박물관은 한국은행 본관으로 사용되었던 곳을 박물관으로 리모델링한 곳이다. 우리나라의 화폐뿐만 아니라 세계 각국의 화폐가 전시되어 있고, 화폐의 만들어지는 모습부터 폐기까지의 과정을 상세하게 설명하고 있다. 뿐만 아니라, 화폐를 이용해서 경제 활동을 하는 과정, 은행이 필요한

어마어마한 양의 돈다발을 볼 수 있는 등 금융박물관만의 특별한 전시가 흥미롭다.

이유, 은행에서 하는 업무 등도 일목요연하게 이해할 수 있다.

화폐금융박물관이다 보니 거의 모든 전시물이 '돈'이다. 재미있는 것은 '돈'에 대해서 아이들의 흥미가 꽤 높다는 것. 다른 유물박물관보다 아이들의 집중도가 매우 높다. 특히 화려한 금화 앞에서 아이들의 눈은 더욱 반짝거린다.

하긴, 어른인 내 눈도 반짝거리지만.

이곳에는 아이의 얼굴을 지폐에 새기는 지폐 만들기 체험과 압인기로 동전을 직접 만들어 보는 체험 등이 있는데 당연히 인기가 많다. 그외 화폐 퍼즐, 화폐 단위 퍼즐도 인기 있다.

홈 페 이 지 http://museum.bok.or.kr
인근 여행지 덕수궁, 서울시립미술관, 서울광장, 한국금융사박물관, 신문박물관, 남대문시장, 남대문
나들이 tip 지폐와 동전에 관련된 체험은 필수.

한국금융사박물관

금융이란 간단히 말하면 돈의 흐름을 말하는 것이다. 여러 가지 돈의 흐름 중에서 이자를 대가로 돈을 빌리고 빌려주는 것, 이러한 돈 거래를 가리켜 금융이라 한다. 그렇지만 이것은 그리 간단하지만은 않다. 이것을 제대로 이해하는 것은 세상을 지혜롭게 살아가는 길 중의 하나다.

아이들에게 금융을 제대로 이해시키기란 쉽지 않다. 신한은행에서 운영하는 한국금융사박물관의 '보드게임과 주산으로 배우는 금융경제교육' '가족과 함께하는 옛날 책 만들기' '나만의 저금통 만들기' 등의 체험 프로그램은 아이들 눈높이에 맞춘 금융교육이다.

우리나라 금융의 역사와 전통, 우리 민족의 경제 생활사를 한눈에 볼 수 있는 전시관과 주판 계산과 대나무 막대를 이용한 산가지 계산 등을 배울 수 있는 체험프로그램이 있다.

홈 페 이 지 http://www.shinhanmuseum.co.kr
인근 여행지 서울시립미술관, 서울광장, 청계광장, 신문박물관, 경희궁, 서울역사박물관, 농업박물관, 경찰박물관
나들이 tip 어린이 금융 관련 체험 프로그램에 꼭 참여하자.

전쟁과 평화를
느낄 수 있는 곳

- 용산 전쟁기념관

- 서대문형무소역사관

- 강릉통일공원 함정전시관

- 임진각 평화누리공원

어린아이에게 전쟁과 평화에 대해 이야기
하려면 말문이 막힌다. 특히 일제시대와 분단의 현실에 대해 설명하는 것은 더 어렵
다. 인류가 생긴 이래 전쟁이 없는 시대는 없을 것이다. 그러나 어른들은 아이들에게
왜 전쟁을 하면 안 되는지, 평화를 지키는 것이 얼마나 중요한 일인지 설명해줘야 한
다. 전쟁기념관 등은 아이들에게 전쟁의 상처와 평화의 소중함을 일깨워주기 위해 꼭
방문해야 한다.

전쟁에 관해 아이와 진지하게 대화를 나눌 수 있는 곳이 바로 용산 전쟁기념관이다.

용산 전쟁기념관

세계에서 유일한 분단국가. 전쟁기념관은 다시는 이 땅에서 전쟁의 참극을 겪지 않기 위한 염원을 담아 1994년 서울 용산에 개관된 기념관이다. 실내 전시관은 전쟁역사실과 6.25전쟁실, 호국추모실, 시네마영상관 등이 있는데 친절한 해설자를 따라다니면서 관람하면 훨씬 이해가 쉽다.

밖에는 전쟁 때 사용했던 탱크와 비행기, 대포 등이 전시되어 있다. 아이들은 실내 전시보다 이런 야외 전시물을 더 좋아한다. 특히 사내아이들인 경우에는 거의 열광한다.

홈 페 이 지 http://www.warmemo.or.kr
인근 여행지 국립중앙박물관(어린이박물관), 용산가족공원, 한강공원 이촌지구
나들이 tip 실내 전시관과 야외 전시장을 모두 둘러보는 것이 좋다.

서대문형무소역사관

서대문형무소는 역사의 현장이다. 1908년 10월 일제에 의해 '경성감옥'으로 만들어진 이래 1945년 일제로부터 해방될 때까지 수많은 독립운동가들이 이곳에 수감됐고, 고문을 받았으며 사형을 당했다. 뿐만 아니라 해방이 된 후에는 1987년까지 서울구치소로 이용되면서 민주화 운동에 참여한 인사들이 대거 수감된 역사의 격변의 현장이기도 하다. 물론 정말 죄를 지어 그곳에서 수감된 사람들도 있지만 역사의 현장으로서의 가치가 더욱 크다.

서대문형무소는 들어갈 때부터 기분이 으스스한 것이 정말 감옥에 들어가는

우리의 아픈 근대 역사를 여실히 보여주는 서대문형무소역사관의 전경(좌)과 내부(우)

실제 운영했던 함정과 북한 잠수함 등을 지상 전시관으로 활용한 강릉 통일공원 함정전시관.

듯하다. 독립투사의 유품과 관련사진 등이 전시돼 있으며, 실제 체험할 수 있는 독방감옥도 있다. 재현된 고문현장은 정말 참혹하다. 그 속에서 유관순 같은 독립투사들이 고문을 받았을 것을 생각하면 절로 숙연해진다.

홈 페 이 지 http://www.sscmc.or.kr/culture2/
인근 여행지 서대문자연사박물관, 독립공원, 경희궁, 사직공원, 농업박물관
나들이 tip 감옥의 모습과 일제시대의 잔혹상을 모두 배울 수 있다.

강릉통일공원 함정전시관

최근에는 퇴역 군함을 전시하여 선상 체험을 할 수 있는 곳이 더러 있지만 군함전시관의 원조는 강릉 통일공원 안에 있는 함정전시관이다. 2001년 9월에 개관한 이곳은 군함의 주요시설을 둘러보고, 우리나라 군함과 북한 잠수함의 내부도 볼 수 있다. 또 함포도 직접 조작할 수도 있다.

특히 DD-916 전북함은 세계에서 유일하게 지상에 전시되어 있는 군함이다. 무려 3,500톤에 이르는 전북함을 지상에 전시하기 위해 커다란 해상 크레인 두 대를 동원했다고 한다. 이 배는 지상 3층, 지하 1층으로 설계되어 있는데 지상 29개 중 19개실을 관람할 수 있다. 특히 배의 모든 것을 관장하는 함장실, 조타실 등을 그대로 볼 수 있고 그 외 공간은 시청각실, 영상자료실과 해군에 대한 역사적 문화적 사실을 알릴 수 있는 각종 전시실로 활용되고 있다. 배가 워낙 크기 때문에 꼼꼼히 둘러보려면 적잖은 시간이 필요하다. 이곳 말고 퇴역 군함을 구경할 수 있는 곳은 진해 해양공원, 당진 함상공원, 김포 함상공원 등이 있다.

홈 페 이 지 http://www.gntour.go.kr/
인근 여행지 정동진해변, 모래시계공원, 하슬라아트월드, 썬크루즈 리조트, 심곡항, 금진항
나들이 tip 안보전시관도 함께 둘러보자. 잠수함을 관람할 때는 헬멧을 반드시 착용해야 한다.

수천 개의 바람개비가 인상적인 임진각 평화누리공원은 날이 좋을 때는 멀리 북한까지 볼 수 있다.

임진각 평화누리공원

2005년 세계평화축전 때 조성된 평화누리공원에서는 늘 다양한 공연과 행사 등이 펼쳐진다. 2만5천 명을 수용할 수 있는 대형 야외공연장 '음악의언덕' 과 수상카페 '카페안녕', 바람개비가 정말 많이 돌고 있는 '바람의언덕' 등이 테마별로 있다. 그 외 '통일기원돌무지' '생명촛불파빌리온' 등도 있다.

임진각은 일반인이 갈 수 있는 가장 최북단. 그래서 실향민들이 명절등 특별 한 절기 때 찾아와 북녘 땅을 바라보며 눈물짓는 곳이기도 하다. 바람의언덕 에는 가족 단위 나들이객이 늘 붐빈다. 다양한 공연과 영화, 전시들이 진행되 므로 홈페이지를 통해 미리 알아보고 가면 좋다.

홈 페 이 지 http://peace.ethankyou.co.kr
인근 여행지 임진각, 도라산 평화공원, 도라산 전망대, 제3땅굴, 통일촌
나들이 tip 문화 공연과 영화 상영 시간을 확인하고 가자. 간식과 돗자리는 필수품.

직업은 어떤 것이 있을까요?

- 키자니아

- 경찰박물관

- 덕포진교육박물관

- 농업박물관

♡아이에게 공부를 시키고 다양한 경험을 할 수 있도록 기회를 주는 이유는 아이들이 커서 자신에게 잘 맞는 직업을 선택할 수 있도록 하기 위한 것이 아닐까 싶다. 우리가 일상에서 만나는 모든 것은 직업과 관련이 있지만 특히 직업 체험을 할 수 있는 곳들을 가면 아이들은 보다 쉽게 직업에 대한 이해가 가능하다. 무엇보다 아이들은 다양한 직업 체험을 하면서 재미를 느끼고 신나게 논다.

키자니아는 아이에게 다양한 직업을 체험하게 한다.

키자니아

키자니아(Kidzania)는 직업체험 테마파크이다. 아이들이 아나운서가 되어 보도를 하고, 소방관이 되어 실제로 카자니아 안에 있는 호텔에서 연기가 나면 소방차를 타고 불을 끄러 출동한다. 의사가 되어 폐암 환자의 폐를 수술하기도 하며, 피자, 아이스크림, 빵을 직접 만들어 먹을 수 있고, 라디오 방송에 나가 가수가 되어 노래를 하기도 한다.

의사가 되어 수술을 하면 수술비를 받고, 얼굴 메이크업을 받으면 비용을 지불해야 하는데 키자니아 안에서만 사용하는 '키조'를 주고받는다. 이 가상의 돈 키조는 카드를 만들어 현금입출금기를 통해 입출금이 가능하기까지 하다. 은행에서는 여행자 수표를 만들어 쓸 수도 있다. 남은 키조는 집으로 돌아갈 때 롯데백화점에서 기념품을 살 수도 있고, 저금을 할 수도 있다.

이곳이 다른 테마파크와 다른 점은 모든 것을 아이 스스로 해야 한다는 점. 놀이공원처럼 부모들이 대신 줄을 서는 것조차 이곳에서는 통하지 않는다. 키자니아 안에는 이러한 직업 체험관이 90여 곳이 있는데, 다양한 직업 체험과 경제 활동을 체험할 수 있다.

홈 페 이 지 http://www.kidzania.co.kr
인근 여행지 롯데월드, 삼성 어린이박물관, 석촌호수, 올림픽공원
나들이 tip 사전 예약을 하고 관람시간 이전에 도착해서 준비하자. 하루에 두 타임으로 나누어 정해진 시간으로 운영되므로 사전에 아이와 함께 어떤 직업 체험을 할 것인지 인터넷을 통해 알아보고 가는 것이 좋다.

경찰박물관 2층에서는 아이들이 경찰복을 입고 패트롤을 타면서 1일 경찰 체험을 할 수 있다.

경찰박물관

서울 지하철 5호선 서대문역과 광화문역 사이에는 농업박물관, 경찰박물관, 서울역사박물관, 신문박물관, 한국금융사박물관 등 많은 박물관이 모두 가까이에 있다.

경찰박물관은 대한민국 경찰의 역사와 경찰이 하는 일들에 대해 자세하게 전시되어 있다. 5층 '역사의 장'에서 관람을 시작, 4층 '이해의 장' 2층 '체험의 장' 순으로 관람을 하도록 되어 있다. 체험의 장에서는 경찰복을 입고 오토바이와 자동차를 탈 수 있는데 아이들이 가장 흥미로워한다. 또 수갑을 차고 경찰서 유치장에 수감되는 체험 등은 아이들이 잊지 못하는 체험이다.

홈 페 이 지 http://www.policemuseum.go.kr
인근 여행지 서울시립미술관, 서울광장, 청계광장, 한국금융사박물관, 신문박물관, 서울역사박물관, 농업박물관
나들이 tip 경찰복을 입고 오토바이나 자동차를 타고 사진 촬영이 가능하다. 대중교통을 이용할 것.

덕포진교육박물관

경기도 김포의 덕포진교육박물관은 아이들에게는 옛날 엄마아빠들이 어떻게 학교생활을 했는지 알려주고, 부모들에겐 어렸을 적 추억을 떠올리게 하는 장소다. 전시물은 조금 아쉽지만, 아이들에게 호기심을 유발하고 즐거움을 주기에 충분한 곳이다.

1층 교육박물관 입구를 들어서면 제일 먼저 만나는 것이 공부방이다. 공부방에는 '인내는 쓰고 그 열매는 달다'라는 문구가 걸려 있다. 옛날 학교생활은 어떠했고, 학교 종은 몇 번을 쳤으며, 어떤 노래를 배웠는지 부부인 두 분의 관장 선생이 설명하는 옛날 학교 수업은 아이들의 눈빛을 초롱초롱하게 한다.

전직 초등학교 교사 출신의 노부부가 만든 덕포진교육박물관은 옛날 교실등을 재현해 부모에게는 추억을, 아이들에게는 신기함을 선사한다.(위)
농부를 미래 직업을 생각하는 아이는 적지만 반드시 존재해야만 하는 직업이라는 점에서 농업박물관은 꼭 가볼 만한 곳이다.(아래)

아이들이 자라면서 부모들은 세대 차이를 느낀다. 서로를 이해하지 못하기 때문이다. 아이들에게 엄마아빠 어렸을 적 모습을 보여주는 것은 아이들이 자라 부모를 이해하게 하는 데 조금이라도 도움이 되지 않을까 생각한다.

홈 페 이 지 http://www.dpjem.com
인근 여행지 김포 조각공원, 김포 함상공원(대명 함상공원), 초지진, 마니산, 강화 전등사
나들이 tip 관장 선생님이 진행하는 추억의 수업 참여. 아이들뿐만 아니라 어른들도 새롭다.

농업박물관

서울 지하철 5호선 서대문역 바로 앞에 있는 농업박물관은 우리나라 최초로 설립된 농업사 전문박물관이다. 대부분 농사일과 관련된 것이고 농업에 관련된 사계절의 풍경을 한눈에 볼 수 있다. 다른 지역의 민속박물관이나 농업박물관에서 볼 수 있는 전시물보다 완성도가 훨씬 높다. 농촌의 분위기를 느낄 수 있도록 건물 앞에 다양한 농작물을 심어놓고, 잠시 쉴 수 있는 정자까지 만들어놓았다.

전시관 입장은 무료. 대신 아이들을 위한 다양한 프로그램은 1만원의 참가비를 내야 한다. 놀토에는 유치원생과 초등 1~2학년을 위한 '나는야, 꼬마농부'라는 정서함양 프로그램이 실시되고, 초등 3~6학년을 대상으로 농업역사체험교실이 운영된다. 쌀이 나무에서 자란다든지, 마트에서 생산되는 줄만 아는 도시 아이들을 데리고 꼭 한 번 가봐야 하는 곳으로서 인터넷 예약은 필수다.

홈 페 이 지 http://www.agrimuseum.or.kr
인근 여행지 서울시립미술관, 서울광장, 청계광장, 한국금융사박물관, 신문박물관, 서울역사박물관, 경찰박물관
나들이 tip 어린이 체험 프로그램 참가 추천. 주차시설이 안 돼 있으므로 대중교통을 이용한다.

외국 분위기를
느낄 수 있는 곳

- 쁘띠프랑스

- 중남미문화원

외국에 나가지 않고 국내에서도 외국 분위기를 느낄 수 있는 곳이 있다. 물론 정해진 좁은 공간에서 그 나라의 분위기를 느낀다는 것은 다소 과장된 것일 수도 있지만 그 나라의 전통 건축물, 의상, 공연, 음식 등을 체험하면 조금 이해가 가능하다고 생각한다.

쁘띠프랑스, 중남미문화원, 아프리카문화원, 파주 영어마을, 남해 독일마을 등은 외국 문화를 체험할 수 있는 대표적인 곳들이다. 이런 곳에 가서는 단지 외형적인 모습이 아닌, 복합문화 공간으로서의 의미를 찾아보는 것이 좋다. 전시물만 보고 나오는 것보다는 공연이나 이벤트 시간을 꼼꼼하게 챙겨서 다양한 볼거리에 참여해 보자.

하얀 벽에 붉은 지붕이 마치 동화나라 같은 쁘띠프랑스는 사진 찍기에도 좋다.

쁘띠프랑스

경기도 청평에 있는 쁘띠프랑스는 드라마 〈베토벤 바이러스〉로 유명해진 곳
으로서 프랑스의 대표적인 문호인 생텍쥐페리와 그의 대표작인 《어린왕자》
를 테마로 한 복합문화 체험공간이다. 과거 프랑스 사람들이 옷을 어떻게 입
었는지, 식사 문화는 어떤지, 살고 있는 집의 모양이나 내부 구조는 어떠했는

쉽게 접할 수 없는 중남미 지역의 독특한 문화를 느낄 수 있는 중남미문화원.

지, 어떤 음악을 좋아했지 등 전통 프랑스에 관련된 전시와 공연, 이벤트가 다양하게 준비돼 있다.

'프랑스 주택전시관'은 천정, 대들보, 창틀을 비롯해 집안 가구까지 150년 된 프랑스 고택을 그대로 옮겨놓은 것으로 이 전시관을 통해 프랑스 사람들이 어떤 환경에서 생활했는지를 알 수 있다.

'오르골 하우스'에는 아주 오래된 오르골이 있어 가냘픈 선율의 오르골 연주를 감상할 수 있다. '생텍쥐페리 기념관'과 그외 프랑스 그림 전시관, 소극장,

분수광장 등은 프랑스 문화를 이해하는 데 도움을 준다. 나이가 어린 아이들은 목재 놀이방에서 놀 수도 있다. 전시관 구석구석을 둘러보고 다양한 공연들까지 놓치지 않으면 매우 알찬 나들이를 할 수 있다.

홈 페 이 지 http://www.pfcamp.com
인근 여행지 남이섬, 꽃무지풀무지수목원, 아침고요수목원, 청평유원지, 베어스타운스키장
나들이 tip 일찍 방문해서 가볍게 둘러본 후에 문화 공연, 길거리 음악공연 등을 관람하자.

중남미문화원

경기도 고양시에 있는 중남미문화원이 가장 아름다운 때는 봄, 목련이 활짝 필 때다. 아름드리 목련이 많은 야외공원에서 해마다 열리는 '목련축제' 때는 중남미 전통음악공연까지 열려 볼 만하다. 물론 목련 꽃이 피지 않더라도 아름다운 조경시설로 언제 가도 좋다.

중남미문화원은 중남미에서 30여 년 간 외교관을 지낸 이복형 전 대사와 그의 부인 홍갑표 이사장이 만든 문화의 장이다. 외교관 생활을 하면서 취미로 모은 것들이 전시돼 있는데 중남미 생활과 문화를 엿볼 수 있다.

이곳에서 운영하는 식당의 빠에야와 따꼬는 아주 맛있다. 음식은 곧 그 나라의 문화를 맛보는 것. 이왕이면 아이들에게 음식을 맛보게 하자. 가까운 곳에 원당종마목장, 서삼릉, 벽초지문화수목원 등이 있으므로 같이 들르면 하루 나들이 코스로 적당하다.

홈 페 이 지 http://www.latina.or.kr
인근 여행지 벽초지문화수목원, 필룩스조명박물관, 송암천문대, 장흥아트파크, 서삼릉, 원당종마목장
나들이 tip 목련축제를 할 때 방문하는 것이 제일 좋다. 간식으로 따꼬를 야외 조각공원에서 먹는다든지 스페인에서 전래되어 중남미에서도 맛볼 수 있는 빠에야(Paeya)를 미리 예약해서 먹는 것도 좋은 경험이 될 것.

지역의 역사와 문화를
알 수 있는 곳

- 독도박물관 & 울릉도 향토사료관

- 서울역사박물관

- 강화역사박물관

- 해녀박물관 & 어린이 해녀체험관

전국 방방곡곡을 여행하다 보면 각 지역별로 역사도 다르고 그 지역만의 독특한 색깔이 있다는 것을 발견하게 된다. 지역을 대표하는 박물관이나 전시관을 들르면 지역마다의 문화, 특산품, 예술 등을 이해하는 데도움이 된다. 지역의 전시관들도 아이들 눈높이에 맞춘 체험 시설이나 프로그램이 있어 매우 유익하다.

독도에 관한 것을 모두 볼 수 있는 독도박물관. 독도 생활상도 볼 수 있다.

독도박물관 & 울릉도 향토사료관

울릉도 도동에는 울릉도의 민속전시장이라 할 수 있는 향토사료관과 독도박
물관이 맞붙어 있다. 독도박물관은 일본의 독도 영유권 주장에 반박할 수 있
도록 사료를 정리하고 전시를 하는 곳이다. 뿐만 아니라 교육, 홍보를 통해서
국민의 영토의식과 민족의식을 고취하기 위한 장으로 활용되고 있다. 독도의

서울특별시 미니어처는 아는 곳을 찾아볼 수 있을 만큼 세밀하게 만들어져 있다.

생태계 사진, 독도에 대한 우리의 옛 문헌, 그리고 독도에 관련된 외국 문헌들과 지도가 전시되어 있다. 맞붙어 있는 울릉도 향토사료관은 너와집을 비롯한 옛날 생활도구 등이 다양하게 전시돼 있는 울릉도 민속전시장이다. 육지와 떨어진 울릉도 사람들만의 생활을 엿볼 수 있다.

홈 페 이 지 http://www.dokdomuseum.go.kr
인근 여행지 독도전망대 케이블카, 도동약수터, 도동항, 도동 해안산책로
나들이 tip 독도는 우리 땅! 독도를 지키는 사람들의 발자취를 보면서 아이들에게 독도는 우리 땅이라는 것을 확인시켜 주자.

서울역사박물관

서울역사박물관은 서울의 역사와 문화를 볼 수 있도록 다양한 유물이 전시되어 있다. 상설전시되고 있는 '조선의 수도 서울' '서울 사람의 생활' '서울의 문화' '도시서울의 발달' 등을 보면 서울의 발달과정을 한눈에 볼 수 있다.

다른 박물관에서 볼 수 있는 유물들도 다수 전시되어 있고, 서울의 변천사를 볼 수 있는 미니어처들도 많이 전시되어 있다. 특히 미니어처로 만들어진 서울특별시 모습은 관람객의 발길을 멈추게 한다. 서울 한편 구석에서 우리 집도 찾았는데 아이들도 매우 신기해했다.

어린이를 위한 각종 체험 교실과 문화행사 프로그램들이 운영되는데, 특히 초등학생을 위한 '오늘은 엄마아빠와 함께 박물관에서'라는 주말 가족 체험교실이 인기다. 4월부터 11월까지 매월 놀토에 진행되는 이 프로그램은 '경희궁 이야기' '한양 사람들의 차림과 멋내기' '3대가 함께 듣는 서울 이야기' 등을 주제로 펼쳐진다. 인터넷에서 선착순 접수가 가능하며, 참가비는 무료다.

홈 페 이 지 http://www.museum.seoul.kr
인근 여행지 서울시립미술관, 서울광장, 청계광장, 신문박물관, 경희궁, 농업박물관, 경찰박물관
나들이 tip 대중교통 이용은 필수.

강화역사박물관

2010년 10월 개관한 강화역사박물관은 기존에 있던 강화역사관을 폐쇄하고 세계문화유산으로 지정된 강화지석묘 옆에 새로 만들어진 박물관이다. 강화역사관에 있던 강화의 선사시대 유적지를 비롯해 팔만대장경이 만들어지기까지의 과정, 고려왕릉에서 출토된 유물 등이 전시돼 있다.

새롭게 개장한 역사박물관이라 다양한 역사 체험을 할 수 있는 프로그램들이

다양하고 많은 유물을 통해 강화도의 역사를 한눈에 볼 수 있는 알 수 있는 강화역사박물관.(위)
강인한 제주 여인의 상징인 해녀들의 생활상을 볼 수 있는 해녀박물관.(아래)

마련되어 있다. 방문하기 전에 홈페이지 공지사항을 참고하여 해설 시간과 프로그램을 메모하자. 강화역사박물관에서는 고인돌의 52톤이나 되는 덮개돌을 어떻게 받침돌 위로 올렸는지 아이들과 그 답을 찾아보자.

홈 페 이 지 http://museum.ganghwa.go.kr
인근 여행지 강화지석묘, 강화고인돌식물원, 마니산, 전등사, 용두레마을, 나들길 1코스, 아르미에월드
나들이 tip 바로 앞 고인돌을 보면서 고인돌이 만들어지는 과정을 아이들과 함께 알아보자.

해녀박물관 & 어린이 해녀체험관

제주도 해녀박물관은 제주 해녀의 역사와 삶의 발자취를 볼 수 있는 곳이다. 해녀를 생각하면 단순히 생계를 꾸려가기 위해 일만 했다고 생각하지만 이곳에서는 항일 투쟁까지 했던 파란만장한 제주 해녀의 발자취까지 볼 수 있다. 그것은 곧 제주의 역사이기도 하고, 나아가 우리나라의 역사이기도 하다. 박물관 옥상에는 바다가 훤히 내려다보이는 전망대가 있다.

제주 해녀박물관은 내부 전시 내용도 아주 높은 수준이지만, 야외 잔디밭과 산책로가 잘 돼 있어 아이들과 밖에서 놀기에도 좋다. 제주도민이 아닌 다음에야 제주에 가면 너무 볼 것도 많고, 할 일도 많아 박물관에 들르는 것이 조금 망설여지겠지만, 아이들과 함께 가보기를 꼭 추천한다. 박물관 가까이에 있는 비자림숲과 세화 5일장을 하루 코스로 하면 좋다.

홈 페 이 지 http://www.haenyeo.go.kr
인근 여행지 비자림, 용눈이오름, 만장굴, 김녕굴, 해녀박물관, 세화5일장
나들이 tip 어린이해녀체험관에서 잠시 체험을 하고 전망대로 올라가서 푸르른 바다를 보면서 차 한 잔을 마셔보자.

예술가의 작품을
볼 수 있는 곳

- 국립현대미술관

- 김영갑갤러리 두모악

- 서울시립미술관

- 뮤지엄 만화규장각

아이들에게 다양한 예술작품을 보여주고, 이해를 높이는 것은 중요하다. 예술문화는 하루아침에 만들어지는 것이 아니기 때문이다. 가장 좋은 것은 많이 접하는 일. 하지만 부모가 모든 걸 다 알고 일일이 설명을 해주는 것은 어려운 일이다. 대신 아이들과 작품을 감상하고 느낀 점을 함께 이야기하며 서로 감상을 공유해 보자. 아이들은 가끔 깜짝 놀랄 정도로 자기 의견을 잘 표현한다.

국립현대미술관이나 시립미술관 같은 큰 곳이 아니더라도 삼청동, 인사동 등의 갤러리를 나들이 삼아 가 보자. 수많은 갤러리에서 매일 새로운 작품들이 우리를 기다리고 있다.

예술 문화는 자주 접하는 것이 무엇보다 중요하다. 사진은 국립현대미술관.

국립현대미술관

아직 어린 아이들과 나들이할 때 가장 부담스러운 곳이 바로 미술관이다. 미술관에서는 뛰거나 떠들어서는 안 되기 때문이다. 아무리 조심을 한다고 시켜도 안내원이나 다른 관람객의 눈치를 보지 않을 수 없다. 그래서 한동안은 아예 미술관과 담을 쌓고 지냈다. 시간이 지나 둘째가 어느 정도 자라면서 슬슬

미술관 나들이를 하고 있다. 시간은 주로 저녁 때. 이때가 가장 관람객이 별로 적기 때문이다.

국립현대미술관의 어린이미술관 가족 프로그램은 아이들이 매우 좋아하는 프로그램이다. 이 프로그램은 아이들이 직접 보고 느끼고 생각하고 만들어 전시회까지 할 수 있는 통합예술교육으로 진행된다. 특히 '선생님과 함께 떠나는 어린이미술관 여행' 같은 전시 감상 설명 프로그램은 아이는 물론 부모에게도 흥미롭다.

홈 페 이 지 http://www.moca.go.kr/
인근 여행지 서울대공원, 국립과천과학관, 경마장중앙공원, 한국카메라박물관
나들이 tip 매월 넷째주 토요일 '미술관 가는 날' 기획전은 무료관람일. 주말 가족 프로그램은 당일 어린이미술관 입구에서 현장 접수. 방문하기 전에 연중 프로그램 일정을 꼭 확인한다.

김영갑갤러리 두모악

김영갑(1957~2005)은 1982년부터 제주도를 오가며 사진 작업을 하다 그곳에 매혹되어 1985년 아예 섬에 정착해 살다간 사진작가다. 바닷가와 중산간, 한라산과 마라도 등 섬 곳곳 그의 발길이 미치지 않은 곳이 없다. 또 노인과 해녀, 오름과 바다, 들판과 구름, 억새 등 그가 사진으로 찍지 않은 것은 제주도에 없다. 그러던 어느 날 그는 루게릭병 진단을 받는다. 병원에서는 3년을 넘기기 힘들다고 했지만 그는 투병을 하면서 폐교를 손수 가꿔 2002년 여름 '김영갑갤러리 두모악'을 열었다. 투병 생활을 한 지 6년 만인 2005년 5월 29일, 김영갑은 그가 손수 만든 두모악 갤러리에서 고이 잠들었다.

김영갑갤러리에 들르면 김영갑의 그림 같은 사진을 만날 수 있다. 갤러리 한편에 써 있는 그에 대한 소개문을 읽는 것은 어쩌면 무의미한지 모른다. 사진

김영갑의 사진에서는 진정한 제주의 바람과 햇빛, 냄새를 그대로 느낄 수 있다.

을 보면 김영갑이 찍고자 하는 것들이 모두 명료하게 드러나 있다. 그것은 제주의 자연이다. 비록 그는 병으로 갔지만 그는 참 행복했다는 생각을 한다. 자기가 하고 싶은 일을 평생 하면서 살았으니까.

사진이 훌륭한 예술작품이라는 것을 보여주고 싶다면, 그리고 한 사진작가의 삶을 보여주고 싶다면 꼭 한 번 들러보자. 폐교를 개조한 곳이라 뒷마당과 운동장도 있다. 특히 앞마당은 생전에 작가 김영갑이 아픈 몸으로 일일이 가꿔 만든 정원으로 꾸며져 있는데, 투박한 토우들을 만나는 즐거움도 크다.

홈 페 이 지 http://www.dumoak.co.kr
인근 여행지 올레3코스, 섭지코지, 제주돌문화공원, 성읍민속마을, 용눈이오름, 제주민속촌박물관
나들이 tip 전시장을 둘러보고 뒤뜰에서 따뜻한 차 한 잔 마시자. 고즈넉하고 좋다.

서울시립미술관

유명한 화가들의 전시회는 언제나 사람들이 넘쳐난다. 서울시립미술관에서 열린 샤갈 전시회에 아이들을 데리고 갔다가 사람에 치여 고생했던 기억이 생생하다. 그럼에도 가지 않을 수도 없는 것이 샤갈 같은 대작가의 작품은 10년에 한 번 열릴까 말까 하기 때문이다.

서울시립미술관에서는 이렇듯 대규모 기획전시회가 열린다. 지금까지 열린 큰 전시회만 하더라도 샤갈 전시회를 비롯해 르누아르 전시회, 반 고흐 전시회 등이 열렸다. 이런 전시회는 자주 열리는 게 아니므로 아이들과 함께 나들이 겸 가면 좋지만, 가급적 주말을 피해 가는 것이 좋다. 피곤하더라도 평일 저녁 퇴근 후 에 관람한다면 한가롭게 충분히 관람할 수 있다.

홈 페 이 지 http://seoulmoa.seoul.go.kr
인근 여행지 덕수궁, 서울역사박물관, 서울광장, 청계광장, 신문박물관, 경희궁, 농업박물관, 경찰박물관, 한국은행 화폐금융박물관
나들이 tip 도시 한복판에 조용한 미술관의 정취를 맘껏 즐겨보자. 대형전시 외에도 천경자의 그림 등은 상설이며 무료로 볼 수 있다.

뮤지엄 만화규장각

만화를 싫어하는 사람도 있을까. 아이들은 특히 만화를 좋아한다. 이 좋아하는 만화가 어떻게 만들어졌는지 궁금한 것도 당연. 인터넷에 '만화박물관'이라고 치고 검색해 보니 뮤지엄 만화규장각이 떴다. 당장 아이들을 데리고 출발!

뮤지엄 만화규장각은 우리나라 만화가들의 다양한 작품을 만날 수 있다. 가장 흥미로운 것은 재현된 만화가게. 난로 주위에 둘러앉아 만화를 보는 모습이 정겹기만 하다. 여기에 누구나 볼 수 있도록 만화책이 비치돼 있어 슬쩍 앉아서 만화를 읽다 보면 과거 속으로 들어가는 느낌이다. 직접 '나만의 캐릭터'를 꾸며볼 수 있는 체험 공간은 터치스크린 방식이다. 4D 상영관도 아이들에게는 인기다.

홈 페 이 지 http://www.komacon.kr/
인근 여행지 부천 자연생태박물관, 부천식물원, 부천물박물관, 부천로보파크
나들이 tip 시간을 넉넉하게 할애해서 전시장을 둘러보고 4D 애니메이션도 관람한다. 2층의 만화 도서관에서 만화책을 보는 것도 좋다.

만화도 컴퓨터나 휴대폰으로 보는 요즘 아이들에게 과거 만화가게는 재미있고 정겨운 체험이다.

빛을 이용한 아름다움을
느낄 수 있는 곳

• 아침고요수목원 오색별빛정원축제

• 포천 허브아일랜드 별빛동화축제

대부분 모든 나들이는 낮에 이루어진다. 그러나 한밤중이 아니면 볼 수 없는 것들이 있다. 바로 별학교 체험과 불꽃놀이, 세계등불축제, 서울빛축제, 무지개분수, 음악분수 등. 이러한 화려한 불빛 체험은 아이들뿐만 아니라 어른들도 아주 좋아한다. 한 여름의 밤하늘을 수놓는 불꽃놀이, 한겨울 수목원 나무들의 화려한 변신 오색별빛축제 등은 아이와 어른을 환상의 세계로 이끈다.

칠흙같이 어두운 수목원에서 벌어지는 불빛축제는 그야말로 환상적이다.

아침고요수목원 오색별빛정원축제

한적하고 멋진 수목원으로 각광받고 있는 아침고요수목원에서 한겨울 불빛
전시회가 열린다. 바로 '오색별빛정원축제'. 해마다 12월부터 2월까지 펼쳐
지는 오색별빛축제는 그야말로 빛의 향연이다. 도심에서 보는 불빛축제와는
달리 자동차 소음 하나 없는 숲속에서 펼쳐지는 불빛축제는 가히 환상적이다.

오색별빛전은 별빛정원과 하경정원을 중심으로 진행된다. 이 전시회를 보려고 의외로 많은 사람이 모여든다. 한겨울에 경기도 가평 산속에서 행사가 진행되기 때문에 옷을 따뜻하게 입고 뜨끈한 차를 준비해 가자.

홈 페 이 지 http://www.morningcalm.co.kr
인근 여행지 남이섬, 쁘띠프랑스, 꽃무지풀무지수목원, 청평유원지, 베어스타운스키장
나들이 tip 늘 관람객이 많은 곳이라 아침 일찍 서둘러서 도착해 여유있게 즐기자.

허브아일랜드 별빛동화축제

허브에 관한 한 국내 최초, 최고라는 수식어를 달고 있는 경기도 포천에 있는

별세계에 온 듯 황홀한 빛의 향연을 즐길 수 있는 포천 허브아일랜드 별빛동화축제.

허브아일랜드에서는 매일 밤 축제가 열린다. 무려 30만 개의 전등이 빛을 발하면서 펼쳐지는 빛의 향연. 특히 꽃들과 어울려 펼쳐지는 빛축제는 많은 사람들을 감탄하게 만든다. 특히 이곳은 다른 식물원과 달리 실내 식물원의 규모가 커서 겨울에 아이들을 데리고 가기에 좋다. 날씨가 추우면 실내 식물원에 들어가 구경을 하면 된다. 허브식물원인 만큼 어디를 가나 향기롭다.

홈 페 이 지 http://www.herbisland.co.kr/
인근 여행지 신북온천 환타지움, 포천아트밸리, 유식물원, 베어스타운스키장
나들이 tip 오전에 서둘러 방문하자. 겨울에는 별빛정원축제가 있고 다채로운 행사를 진행한다. 허브아일랜드에서 제일 유명한 마늘빵을 먹어보자.

07
놀면서 과학의
원리를 알아볼까요

과학과 놀아요

- 국립과천과학관

- 국립서울과학관

- 서울특별시과학전시관

과학관에서 진행하는 프로그램에 참여하다 보면 정말 과학이 재미있다는 생각을 하게 된다. 기존의 딱딱한 해설 중심에서 직접 만지고 느낄 수 있는 체험학습 형태로 바뀌고 있어 더욱 재미있다. 국립과천과학관만 하더라도 홈페이지를 방문하면 셀 수 없을 정도로 많은 체험 프로그램이 준비되어 있다. 그러나 팸플릿 하나 들고 안내 순서로 관람한다면 30분도 안 되어 지겨워진다. 전시장을 순서대로 보겠다는 생각과 한 번 방문으로 전시장을 모두 둘러보겠다는 생각을 접어야 한다.

체험 프로그램의 시간을 미리 알아보고 준비해서 아이가 관심 갖는 것부터 시간을 맞추어 참여하는 것이 좋다. 단순히 전시해설 또는 공연을 관람할 수도 있고 직접 참여하여 몸으로 부딪히고 머리를 쓰면서 참여하는 프로그램들도 많이 있다.

과학을 숫자로 설명하지 않고 현상으로 보여주는 국립과천과학관.

국립과천과학관

국립과천과학관은 시설의 규모 면에서나 매일 진행하는 프로그램의 수에 있어서 단연 국내 최고의 과학관이다. 우리는 아직 아이들이 아직 어려서 1층 입구 바로 오른쪽에 있는 어린이탐구체험관과 2층 자연사관을 가장 즐겨 찾는다.

아이들 눈높이에 맞추어 체험을 통해서 과학의 원리를 이해할 수 있는 이곳은 늘 아이들로 붐비기 때문에 조금 일찍 도착해야 비교적 차분하게 관람이 가능하다. 특히 체험관 내에 있는 3D 영상관과 4D 영상관에서 상영되는 〈미운공룡 딜로포〉 〈아기고래 구출작전〉 같은 영상은 아이들에게 아주 인기가 높다. 이 영화를 보려면 반드시 예약을 해야 하는데 예약은 체험관 입구 안내데스크에서 하면 된다. 선착순 마감이므로 들어가면서 먼저 예약을 하고 다른 곳을 구경하는 것도 방법(만5세~초등3년까지 이용가능).

2층에 위치한 자연사관은 공룡이나 동식물에 관련된 다양한 콘텐츠를 전시하고 있는 곳으로 아이들이 관심을 가질 만한 전시물이 많다. 또 밖에는 공룡, 우주선, 교통, 비행기, 곤충관 등의 전시물들이 있고 아이들이 뛰어놀 수 있는 공간이 많다.

홈 페 이 지 http://www.scientorium.go.kr
인근 여행지 서울대공원, 국립현대미술관, 경마장중앙공원, 한국카메라박물관
나들이 tip 홈페이지를 방문해서 체험 프로그램 시간을 확인하자. 천체투영관은 예약이 필수.

국립서울과학관

서울 종로구 창경궁로에 있는 국립서울과학관을 처음 방문한 것이 30년 전의 일이다. 지금이야 국립과천과학관, 국립중앙과학관, 국립서울과학관, 서울특별시 과학전시관 등 많은 과학, 생태, 천문 관련 시설들이 우리 주위에 있어 마음만 먹으면 쉽게 방문할 수 있지만 당시에는 오직 국립서울과학관이 청소년들에게 과학에 대한 호기심을 충족하고 희망을 키워주는 일을 담당했다. 지방 출신인 내가 서울에 올라와서 이곳을 처음 방문했을 때는 정말 신기하고

놀라웠다. 어쩌면 그때 경험이 영향을 끼쳐 공대에 진학을 해서 공학도가 되었는지도 모른다.

이곳은 '재미있는 수학이야기' '빛과 소리를 만져 봐요' '행복한 에너지 원자력' '우리 집은 과학창고'와 같이 기본적인 과학 이야기를 상설전시관에서 만날 수 있다. 시설들은 조금 낙후된 느낌을 주지만 하나둘씩 관람을 하다 보면 오히려 친근감을 갖고 이해하는 데 도움이 된다. 2층에서는 다양한 종류의 동물 표본과 해설을 만날 수 있는데 자연사관을 작은 규모로 꾸며 놓은 전시관이다.

국립서울과학관의 특징은 전시보다 체험학습 위주라는 것. 다양한 과학교실 운영, 특별기획전시 및 과학영화 상영 등 여러 가지 체험학습 프로그램은 특

간단한 것이라도 직접 만져볼 수 있도록 체험위주로 운영하고 있는 국립서울과학관.

서울특별시과학전시관은 물 관련 과학체험을 할 수 있는 것이 25종이나 된다.

히 아이들의 창의력을 키우는 데 중점을 두고 있다. 국립서울과학관의 상설전시관은 한시적으로 무료로 입장이 가능하다.

홈 페 이 지 http://www.ssm.go.kr
인근 여행지 창덕궁, 운현궁, 북촌한옥마을, 서울대학교 의학박물관, 대학로 마로니에공원, 동대문, 동대문시장, 낙산공원
나들이 tip 다양한 과학관 체험 프로그램에 참여하자. 특별기획전시회는 유료지만 관람하는 것을 추천한다.

서울특별시과학전시관

서울 관악구 낙성대로에 있는 서울특별시과학전시관은 시민과 학생들의 과

학체험학습을 위한 공간으로, 항상 사용 가능한 시설은 물놀이 체험마당, 생태학습관, 자연관찰원 등이 있다. 다른 과학관처럼 상설 전시관이 따로 없다 보니 볼 것이 없다고 말하는 사람도 있지만 다양한 과학체험 프로그램이 기획되고 있으며, 특히 천문대나 연구실험동에서도 행사가 진행된다. 따라서 이곳을 방문하기 전에는 인터넷 홈페이지 등을 통해 공지사항을 확인하고, 사전예약을 하고 가면 좋다.

이곳의 주요 프로그램은 토요자연탐구교실, 가족천문교실, 토요과학강연회, 토요과학영화상영 등. 토요자연탐구교실은 과학전시관의 야외 자연관찰원, 생태학습장, 숲속 생태 관찰로를 전문 강사의 해설을 들으면서 함께 탐방하는 체험 프로그램이다. 가족천문교실은 학생과 학부모가 함께하는 가족 단위의 천문교실로서 천문 우주과학을 체험할 수 있는 프로그램이다. 평소에 쉽게 접하기 힘든 천체 망원경의 조립과 작동, 태양의 흑점 및 홍염 관측, 달이나 행성 등을 관측할 수 있다.

아이들이 가장 좋아하는 체험은 물놀이 체험마당. 물을 이용하여 과학의 원리를 이해할 수 있도록 물종합운동장치, 분수터널, 물레방아, 물총놀이, 소리반사경 등 다양한 과학체험 전시물이 있다.

홈 페 이 지 http://www.ssp.re.kr
인근 여행지 낙성대공원, 서울대학교, 관악산
나들이 tip 물놀이체험관의 운영시간을 확인하고 잠시 생태학습장을 다녀오자.

우주에서
꿈을 펼쳐라

- 송암천문대

- 항공대 항공우주박물관

- 국립과천과학관 천문대

예전에는 전문가 또는 전공 학생들의 전유물로만 생각되던 천문대의 천체 망원경이 이제는 마음만 먹으면 누구나 전체 망원경으로 달이나 행성을 관찰할 수 있을 정도로 전국에 천문대가 많이 생겼다. 공대 출신인 나도 천문대를 가본 것이 아이들과 간 것이 처음이다. 아마 많은 부모들도 마찬가지일 것이다. 천문대에 가서 별자리도 보고, 행성을 보는 경험은 아이들에게 우주에 대한 꿈뿐만 아니라 미래를 꿈꾸게 한다.

별자리의 이야기를 따라 상상의 나래를 펼칠 수 있는 천문대는 아이들에게 인기 최고다.

송암천문대

경기도 양주에 있는 송암천문대는 세계적인 규모의 우주테마파크로서 최신
식 천문대 시설을 갖추고, 별에 대해 배울 수 있는 다양한 프로그램을 운영하
고 있다. 아이들은 이곳을 다녀온 후 별에 대한 관심이 부쩍 많아졌지만 안타
깝게도 서울의 밤하늘에서는 별을 자주 보지 못한다. 아이와 나는 이곳을 다

녀와서 겨울 하늘에서 가장 밝게 빛나는 별이 금성이라는 것을 알았다. 그리고 개밥바라기별, 샛별, 비너스(Venus) 등으로 불리는 별이 모두 같은 별이라는 것도 알았다.

송암천문대에서 가장 인상 깊었던 시설은 디지털 플라네타리움(Digital Planetarium)이다. 이곳은 천정이 돔 형식으로 되어 있어 의자에 누우면 그대로 밤하늘이 펼쳐진다. 가장 아름다운 상태의 밤하늘을 모두 88개의 영역으로 나뉘어 설명을 해주는데 책에서 배우는 것과는 그 차원이 다르다.

디지털 플라네타리움에서 별을 본 후 케이블카를 타고 계명산 위에 있는 천문대로 올라가면 뉴턴관에 있는 천체 망원경으로 우리가 눈으로 볼 수 있는 크기의 300배 정도를 확대해서 별을 볼 수 있다.

홈 페 이 지 http://www.starsvalley.com
인근 여행지 벽초지문화수목원, 필룩스조명박물관, 장흥아트파크, 서삼릉, 원당종마목장, 중남미문화원
나들이 tip 날씨가 맑은 날 방문하자. 겨울이 가장 별을 보기 좋을 때. 스타이용권을 이용하여 케이블
          카를 타고 천문대로 올라가고 플라네타리움에서 별자리를 배우는 것이 좋다.

항공대 항공우주박물관

경기도 고양시 항공대학교 안에 있는 항공우주박물관은 레오나드로 다빈치의 비행장치부터 로켓, 그리고 최첨단 우주선까지 우주항공기에 관한 다양한 전시물을 모아놓은 곳이다. 항공대학교 내에 부설로 있는 박물관이다 보니 규모면에서 조금 작기는 하지만 내용면에서는 어느 테마 박물관 못지않다.

야외에는 우리나라 최초의 민항공기, 공군훈련기, 자유의 투사 전투기 등의 전시물이 시선을 사로잡는다. 건물 안으로 들어가면 세계 최초 동력 비행기인 라이트형제의 플라이어나 스텔스 전투기와 같은 항공기의 정교한 미니어처

100여 점이 전시되어 있다. 특히 다양한 항공기 관련 체험을 할 수 있어 아이들에게 인기가 좋다.

아이들이 가장 좋아하는 것은 비행시뮬레이터체험. 마치 오락실에서 게임을 하듯 아이들이 실제 시뮬레이터 조정석에 앉아 안에서 이륙과 착륙, 계기비행, 시계비행 등 실제 항공기에서 조작하는 다양한 상황을 체험할 수 있다.

홈 페 이 지 http://www.aerospacemuseum.co.kr
인근 여행지 월드컵공원, 난지캠핑장, 행주산성, 강서습지생태공원, 서오릉
나들이 tip 가기 전 비행기에 관한 간단한 지식을 공부하고 가면 더욱 재미있게 관람할 수 있다.

국립과천과학관 천문대

아이들과 나들이하기에 좋은 곳 중 하나가 과천이란 지역. 놀이동산도 있고 산도 있고 게다가 과학관까지 있기 때문이다. 규모면에서 전국 최고라고 말할 수 있는 국립과천과학관에는 천문시설까지 보유하고 있어 거의 모든 종류의 과학 분야를 아우르고 있다.

국립과천과학관 천문대는 두 개의 시설로 나뉘었는데 별자리를 영상으로 볼 수 있는 천체투영관과 국내에서 두 번째로 큰 망원경으로 천체를 관측할 수 있는 천체관측소이다. 각각의 입장료를 지불해야 하지만 천체투영관 돔 천장에 펼쳐지는 환상적인 별자리 이야기와 대형 광학망원경을 통해 직접 눈으로 우주의 신비는 꼭 한 번 경험해볼 만하다.

홈 페 이 지 http://www.scientorium.go.kr
인근 여행지 서울대공원, 국립현대미술관, 경마장중앙공원, 한국카메라박물관
나들이 tip 천체투영관, 천체관측소 사전예약 필수.

운송수단은
무엇이 있을까?

• 삼성화재교통박물관

• 철도박물관

🚗 아이들은 자동차 운전석에 앉아서 운전대를 돌리는 것을 정말 좋아한다. 이런 아이들을 데리고 가기 좋은 곳이 자동차박물관이나 철도박물관이다. 운전석에서 운전을 할 수도 있고 시뮬레이션 장비를 이용해서 실제 운전하는 것처럼 체험을 할 수도 있다. 또 전시물을 통해 핸들을 돌렸을 때 보이지 않는 동력장치의 전달과정을 한눈에 볼 수 있다. 공룡, 로봇, 자동차를 특히 좋아하는 남자아이와는 꼭 방문할 만한 곳들이다.

삼성화재교통박물관

용인 에버랜드 바로 옆에 있는 삼성화재교통박물관에는 멋진 자동차가 너무
많아 사내아이들이라면 다 좋아하는 곳이다. 이곳에는 셀 수 없을 정도의 화
려하고 멋진 자동차들이 줄지어 있고 다양한 전시물을 통해 자동차의 원리를
배울 수 있다.

철도 100년 역사를 그대로 볼 수 있는 철도박물관은 직접 운전대를 조작해 볼 수도 있다.

1층 전시장에는 콘셉트 별로 나누어진 8개 구역에 세계 명차와 모터사이클 등이 전시되어 있다. 이 중 가장 인기가 많은 곳은 자동차나라와 체험나라. 아이들 눈높이에 맞추어 자동차의 원리와 구조에 대해 쉽게 이해할 수 있는데, '뷰익' 이라는 클래식 카를 타고 사진을 찍을 수 있으며 퍼즐 등의 다양한 놀이를 통해 자동차에 대해 자세히 알 수 있다. 2층에서는 자동차 경주의 역사에 대해 살펴볼 수 있다.

이 전시장에서는 어린이용 경주차를 직접 타 보기도 하고, 레이서 복장을 하고 사진을 찍을 수 있다. 이곳에 가면 아이들보다 더 관심을 갖고 열광하는 사람들이 있는데 바로 아빠들이다. 아들이 있는 아빠라면 꼭 한 번 가볼 만한 곳. 야외에는 비디오아트 작가 백남준의 작품과 증기기관차, 경비행기 등이 전시돼 있다.

홈 페 이 지 http://www.stm.or.kr
인근 여행지 에버랜드, 호암미술관, 희원
나들이 tip 실내 전시관을 둘러본 후 날씨가 따뜻하다면 실외 잔디밭에 돗자리를 펴고 공놀이를 해도 좋다.

철도박물관

경기도 의왕에 있는 철도박물관은 삼성화재교통박물관과 함께 남자아이들이 가장 좋아하는 박물관이다. 우리나라는 1899년 9월 노량진-제물포 간 철도가 개통된 이래 꾸준한 기술 개발로 지금은 순수한 우리 기술만으로도 열차를 만들 수 있는 몇 안 되는 나라 중 하나다. 이런 철도 100년 역사의 모습들을 고스란히 간직하고 있는 곳이 철도박물관이다.

철도 역사실, 철도 차량실, 모형철도 파노라마실, 전기신호통신실, 미래 철도실 등 다양한 분야의 철도 관련 장비와 모형물이 전시돼 있으며, 바깥에는 얼마 전까지 운행했던 비둘기호 열차 등이 전시되어 있다. 전시된 기차는 맘껏 탈 수 있는데 운전실에 들어가 운전하는 흉내를 내볼 수도 있다. 박물관 한쪽에서 레일바이크도 탈 수 있으며 한 바퀴를 도는 데 7분 정도 걸린다.

홈 페 이 지 http://info.korail.com/
인근 여행지 의왕시 자연학습공원, 수원화성, KBS 수원드라마센터, 안산식물원, 별난물건박물관, 롤링볼뮤지엄
나들이 tip 7분간 운행하는 레일바이크 체험을 하자. 실외전시장의 기차 안에 들어가서 의자에 앉아서 잠시 휴식을 취해도 좋을 듯. 실내에서는 100원을 넣으면 기차 운전 체험을 할 수 있다.

아이들의 꿈과 희망을
심어주는 로봇

- 로봇박물관

- 부천로보파크

미국의 마이크로소프트 창업자인 빌 게이츠는
어릴 적 박람회에서 본 로봇을 보고 과학에 흥미를 느꼈고, 그것이 지금의 성공을 거둘
수 있게 했다고 말했다. 미래사회에서 인간과 함께 살 수밖에 없는 로봇은 어린이나 어
른 모두에게 미래에 대한 꿈을 꾸게 한다. 로봇박물관은 어린이들에게 미래의 빌 게이
츠를 꿈꾸게 한다. 대부분의 로봇박물관은 단순 전시 관람보다는 직접 만지고 움직여
볼 수 있어 아이들에게 인기가 좋다.

아이들에게 스스로 움직이는 로봇은 자연과는 다른 볼거리이며 흥미거리다.

로봇박물관

서울 혜화동에 있는 로봇박물관에서는 로봇의 태동부터 지능 로봇까지 로봇의 역사를 한눈에 볼 수 있다. 이곳에 전시된 로봇은 세계 40여 개 나라에서 만든 초기 로봇부터 첨단로봇까지 다양한 로봇들이 전시돼 있다. 실물 크기의 로봇이 모노드라마를 펼치는 모습을 보면 아이들은 마냥 신기한 눈으로 바라

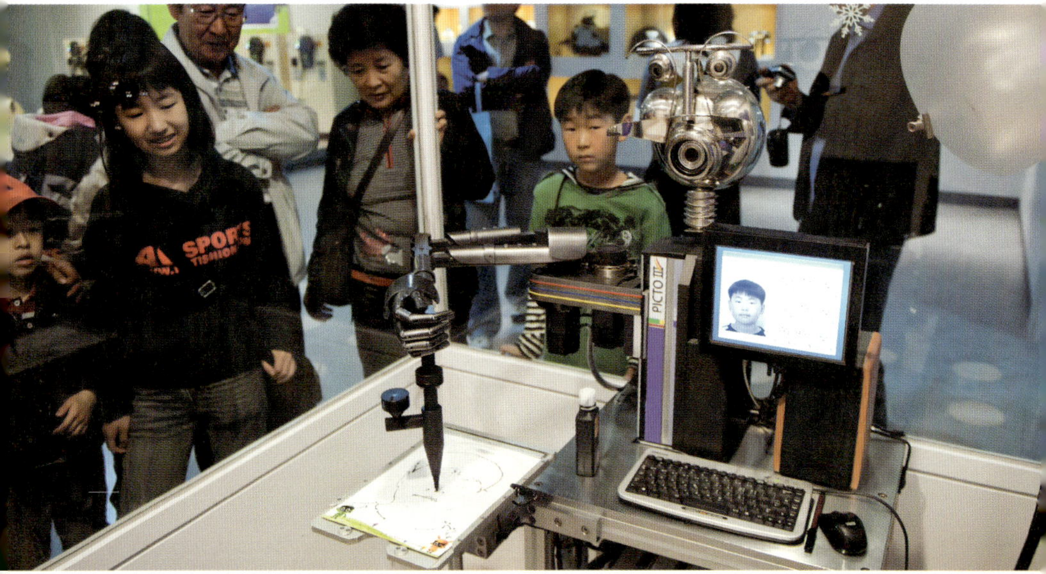

부천로보파크에는 아이의 얼굴을 그리는 화가 로봇이 있어 인기 만점이다.(위)
팀을 짜서 경기를 진행할 수 있는 축구하는 로봇 등 다양한 로봇이 아이들의 시선을 사로잡는다.(아래)

본다. 첨단 로봇 체험관에서는 로봇과 간단한 대화와 게임을 즐길 수도 있다. 말을 하면 대답도 하고, 만지면 반응을 보인다. 아이들보다 함께 간 아빠들이 눈을 떼지 못하는 전시물도 있다. 바로 어릴 적 좋아했던 '로보트태권 V' '마징가 Z' '아톰' 등 만화영화 속에 등장했던 로봇 모형들이다. 만화영화를 보면서 로봇에 대한 막연한 동경과 꿈을 키웠던 어린 시절이 절로 되살아난다.

홈 페 이 지 http://www.robotmuseum.co.kr
인근 여행지 창경궁, 서울대학교 의학박물관, 대학로 마로니에공원, 낙산공원, 동대문, 동대문시장 등
나들이 tip 해설을 한 번 듣고 자유관람을 하는 것이 좋다.

부천로보파크

부천로보파크는 부천시에서 운영하는 우리나라 최초의 로봇상설전시장으로서 다양한 로봇관련 상설전과 기획전을 통해 로봇에 대한 호기심을 충족시켜 주고 있다. 경기과학멘토, 생활과학교실, 로봇아카데미, 로봇미술교실 등의 로봇 교육프로그램 등이 매우 활발하게 운영되고 있는데 특히 로봇을 직접 만드는 기술과 관련된 로봇 교육프로그램은 인기가 좋다.

이곳의 가장 큰 특징은 실제 로봇으로 운영된다는 점. 로봇 뮤지엄에 들어서면 로봇이 인사를 하고, 안내 로봇이 로봇의 역사와 원리 등을 설명해준다. 또 로봇이 그림을 그리고 있기도 하고, 축구를 하는가 하면 오페라에 맞춰 춤을 추기도 한다.

홈 페 이 지 http://www.robopark.org
인근 여행지 부천 자연생태박물관, 부천식물원, 부천물박물관, 부천로보파크, 뮤지엄 만화규장각
나들이 tip 꼭 로봇 체험 프로그램에 참여하자.

08
오토캠핑과 함께라면
언제나 즐거워요

캠핑, 장비는
어떤 것이 필요한가?

오토캠핑 전국일주 여행을 떠나기 전, 한동안 오토캠핑 책도 사고 유명하다고 하는 인터넷 카페나 장비를 파는 인터넷 몰을 기웃거렸다. 물론 오프라인 매장도 방문해서 캠핑의자에도 앉아 보고 식기며 텐트 등을 일일이 확인하며 필요 리스트를 작성하기도 했다. 그러나 이런저런 여러 채널을 통해 내린 결론은 오토캠핑 장비는 지극히 개인의 취향과 경제적인 상황에 좌우된다는 것이다.

오토캠핑 장비는 한 번 마련하면 몇 해를 써야 한다. 하나를 사더라도 발품을 팔아 이왕이면 내구성이 뛰어난 장비를 구입해야 한다. 따라서 꼭 필요한 제품이 아니라면 집에 있는 것들을 갖고 가 적당히 이용하면 된다. 유명 브랜드의 좋은 제품을 구매하는 것이 좋겠지만 가격적인 면도 고려를 해야 하므로 품질을 비교해 적당한 가격의 상품을 구매하는 것도 좋은 방법이다.

휴양림과 같이 나무가 많은 곳에서는 돔형식의 텐트가 캠핑하기에 적당하다.
사진은 고사포 해변의 오토캠핑장.

고민, 고민, 고민의 끝이 없는 텐트

우리는 오토캠핑 전국여행을 하면서 15년 된 돔형텐트를 이용을 했다. 3인용 돔형텐트의 가장 큰 장점은 작기 때문에 수납이 쉽고, 치고 걷는 시간이 적게 든다는 점이다. 그러나 텐트 높이가 낮기 때문에 머리를 숙이고 드나들다 보니 허리가 아플 정도다. 돔형텐트는 휴양림의 작은 나무 데크에 치기 좋다.

가족 캠핑용으로는 리빙쉘 타입의 텐트가 가장 많이 이용된다. 리빙쉘 텐트는 거실텐트라고도 하는데, 침실과 거실 용도로 사용할 공간이 분리되어 있는 것이 특징이다. 겨울에는 리빙쉘 텐트 안에서 지내는 경우가 많아 따뜻한 실내 공간이 필요할 경우에 적합하다. 거실에는 잠시 사용하지 않는 옷 가방이나 장비를 둘 수 있는 공간으로 활용된다. 리빙쉘 텐트는 공간이 넓은 만큼 텐트를 치고 걷는 데 걸리는 시간이 많이 걸린다.

텐트는 형태에 따라 제각각 장단점이 있기 때문에 캠핑을 다니는 사람들은 여러 개의 텐트를 가지고 있기도 한다. 이런저런 고민을 하다가 두 개 모두 사고 싶은 생각은 간절하지만 주머니 사정을 고려하지 않을 수 없다.

매트의 올바른 선택으로 바닥의 불편함을 없앤다

발포 매트는 바닥이 고르지 않고 돌 같은 것이 있을 경우에 등이 아프기 때문에 반드시 필요하다. 일반 매트와 에어 매트는 종류가 다양하고 가격도 천차만별이다. 처음에는 일반 발포매트를 사용하다 에어매트를 추가로 구입하는 것이 좋다. 텐트를 구입하면서 텐트 전용으로 함께 매트를 구입하거나 가격을 고려하여 사이즈가 맞는 다른 회사의 것을 구입하면 된다. 매트와 침낭이 잠자리의 편안함을 좌우하기 때문에 특히 신경을 많이 써야 한다.

타프는 렉타로 살까? 헥사로 살까?

타프는 비를 피할 수도 있고 그늘막으로도 사용이 가능하다. 리빙쉘 텐트라면 크게 필요하지 않을 수 있지만, 돔형 텐트인 경우에는 텐트 밖에 적당한 공간을 만들 필요가 있다. 이때 필요한 것이 타프다.

타프는 사각형의 렉타 타입과 육각형의 헥사 타입이 있다. 이 두 가지를 고르는 것도 신중을 기해야 한다. 보다 넓은 그늘을 확보하려면 렉타 타입이 적합하고, 바람에 더 강한 것이 필요할 때에는 헥사 타입을 선택하는 것이 좋다. 텐트와 타프의 색상을 고려하여 구입하면 멋스러운 캠핑 공간을 구축할 수 있다.

코펠과 버너는 품질이 중요하다

코펠과 버너로 상징되는 주방용품은 품질을 중요하게 따져봐야 한다. 코펠, 식기, 프라이팬 등의 쿠커 세트는 알루미늄 제품보다는 스테인리스나 티타늄 제품이 좋다. 버너도 하나만 사용할 경우에는 밥과 국을 순차적으로 해야 하는 불편함이 있기 때문에 2구 버너를 선택하는 것이 편리하다.

주방용품은 매우 다양한 제품이 출시되어 있다. 꼭 유명 제품을 구입하려고 하지 말고 간단한 도구들은 직접 만들거나 집에 있는 것을 활용해 보자. 바나나 우유통은 훌륭한 양념통으로 사용이 가능하다. 필요할 때 하나씩 구입하는 재미를 느껴도 좋다.

종류가 정말 다양한 침낭의 선택은?

침낭은 온라인 몰에서 디자인만 보고 선택하는 것보다는 오프라인 매장을 꼭 방문해서 꼼꼼하게 확인을 하고 구입하는 것이 좋다. 매장에서 눈으로 확인한 후 인터넷 캠핑카페에서 진행하는 공동구매를 이용해도 좋다. 국산 캠핑 장비 중에서 침낭의 경우에는 아주 좋은 품질을 가지고 가격 경쟁력이 있는 제품이 많기 때문에 시간적인 여유를 가지고 장만하는 것이 바람직하다.

침낭은 사계절용, 겨울용, 봄가을용 등 다양한 종류의 제품들이 출시되어 있기 때문에 캠핑 스타일에 맞는 제품을 골라야 한다. 여름에 캠핑을 할 때는 집에 있는 가벼운 이불만 갖고 가도 충분하지만 초봄이나 늦가을에 캠핑을 하거나 계곡 옆에서 캠핑을 할 경우에는 침낭이 꼭 필요하다. 캠핑을 수년 간 해온 전문가도 캠핑에서 잠자리의 편안함은 침낭의 선택에서 좌우된다고 할 정도이므로 침낭의 선택은 중요하다.

그 외에 있으면 좋은 것들

잠자리와 주방 도구들이 해결되면 기본적인 준비는 끝났다고 생각할 수도 있다. 그러나 캠핑을 하다 보면 비에 젖은 텐트나 옷을 말리기 위한 빨랫줄도 필요하다. 미처 준비를 하지 않으면 주위에 굴러다니는 노끈을 찾기도 힘들다. 요리를 하고 맛있게 식사를 마친 후에 설거지를 하러 가다 큰 국통이나 밥솥에 넣었던 그릇들이 떨어진 경험도 있다. 커다란 설거지통을 미리 준비했다면 아주 편리하게 사용할 수 있을 것이다.

캠핑의 묘미를 느끼게 하는 화로대나 그릴, 아이스 박스, 식기건조용 그물망, 여분의 팩과 망치, 도끼나 야전삽 등 오토캠핑에는 소소하게 많은 장비들이 필요하다. 마치 혼자 살아도 집에 여러 가지 물건들을 갖고 있어야 하는 것처럼 말이다. 그러나 처음부터 이것저것 다 장만할 수는 없는 일. 한두 번 경험을 하다 보면 저절로 필요한 목록들이 챙겨지게 된다. 처음에는 꼭 필요한 것만 갖고 떠나는 것도 재미이고, 경험이다.

캠핑을 다니다 보면 캠핑 장비들이 늘어나기 시작한다. 작은 승용차로는 테트리스 신공을 발휘하더라도 트렁크나 뒷자리에 짐을 싣는 데 한계가 있기 때문이다. 물론 자동차 위에 캐리어나 루프박스를 설치해서 수납공간을 늘릴 수도 있지만 어느새 차를 바꿔야 한다고 생각할 상황에 놓일 수도 있다. 규모에 맞는 살림은 캠핑장비에서도 드러난다.

캠핑 장비는 캠핑전문점에 들러 직접 눈으로 확인하고 구매하도록 하자.

어떤 캠핑장으로
가는 것이 좋을까?

🏕 장비준비를 마치고 어디론가 떠나려고 하면 이미 예약이 완료된 곳이 많다. 유명한 캠핑장이나 인기가 있는 사설 캠핑장은 보통 몇 달 전에 예약이 끝나는 경우가 많다. 캠핑을 생각하고 장비를 준비한다면 캠핑장 예약도 함께하는 것이 좋다. 물론 선착순으로 먼저 도착해서 캠핑을 할 수 있는 곳도 있지만 처음 캠핑을 시작할 때는 예약을 하고 캠핑을 떠나는 것이 시행착오를 조금이라도 줄일 수 있다.

캠핑장의 유형에 따라 분위기도 다르고 캠핑장의 스타일에 따라 준비하는 캠핑 장비들도 조금씩 다르다. 텐트의 크기도 고려해야 하고 타프를 설치할 수 있는지도 꼼꼼하게 체크를 해야 한다. 캠핑장에서 가서 무엇을 할 것인지도 생각하면서 장소를 선정하는 것이 좋다. 캠핑장 가까이에 아이들과 함께 나들이 갈 수 있는 곳이 있다면 오가면서 들를 수도 있다. 캠핑의 큰 장점은 서두르지 않고 여유 있게 자연을 즐기는 것이다.

캠핑여행은 어떤 여행보다 고되고 가족의 단합을 필요로 하는 여행이다.
사진은 해남 땅끝마을 송호오토캠핑장.

전문 오토캠핑장

전국에는 전문 오토캠핑장이 몇 군데 있다. 자라섬 오토캠핑장, 중도유원지 캠핑장, 땅끝 송호오토캠핑장, 송지호 오토캠핑장, 망상 오토캠핑장 등이 전문 오토캠핑장이다. 이곳들은 넓은 공간을 편하게 사용할 수 있고, 샤워실, 화장실, 식수대 등의 시설이 아주 잘 정비되어 있어 캠핑을 편하게 즐길 수 있는 곳이다. 심지어 야외에서 전기를 이용할 수도 있으므로 예약할 때 전기 사용 여부를 확인하는 것도 좋다. 그러나 대부분 그늘이 충분하지 않아 한여름 캠핑을 하기에는 다른 곳에 비해 불편할 수 있다.

국립공원 캠핑장

전국 각지의 국립공원 내에 있는 야영장에서도 캠핑을 할 수 있다. 설악산 C 지구야영장, 지리산 달궁야영장, 내장산 백암야영장, 주왕산 상의야영장 등이 국립공원 내의 캠핑장이다. 이곳 캠핑장에서는 국립공원의 빼어난 풍경을 배경으로 맑은 공기를 마실 수 있다는 것이 가장 큰 매력이다. 국립공원 내의 캠핑장은 일부 사전 예약제를 도입해서 운영하고 있으며, 선착순으로도 캠핑장을 사용할 수 있다. 가격이 저렴해서 며칠 묵더라도 큰 부담이 없다.

자연휴양림 캠핑장

자연휴양림 내의 캠핑장은 나무데크 시설이 되어 있는 곳이 많다. 중미산 자

연휴양림, 축령산 자연휴양림, 유명산 자연휴양림, 치악산 자연휴양림 등이 인기가 많다. 아이들과 함께 자연휴양림에서 산림욕을 하면서 캠핑을 할 수 있어 더할 나위 없이 좋다.

사전 예약을 하면서 캠핑할 곳의 나무데크 사이즈를 꼭 확인하는 것이 좋다. 나무데크가 큰 곳은 5m×5m이기 때문에 다소 여유가 있지만, 작은 곳은 3m ×3m 크기라 조금 큰 텐트는 나무데크에 올라가지 않는다. 대부분의 자연휴양림 캠핑장은 아쉽게도 화로대를 이용하지 못한다.

사설 오토캠핑장

개인이 오토캠핑장의 시설을 갖추고 캠핑장을 사용할 수 있도록 하는 곳이다. 유명산 합소오토캠핑장, 포천 뷰식물원, 양양 오토캠핑장, 영월 솔밭캠핑장 등이 인기 있는 곳이다. 사설 오토캠핑장은 이용료가 다소 비싼 편이지만 캠핑에 필요한 제반 시설을 잘 갖추고 있어 편안하게 캠핑을 할 수 있다. 유명 사설 오토캠핑장은 한두 달 전에 예약을 해야 이용이 가능하며 대부분 전기를 사용할 수 있다. 펜션과 캠핑장을 함께하는 곳은 방을 예약하면 야외에서 캠핑을 할 수 있도록 하기도 한다.

도심 속 오토캠핑장

서울 도시 속에서 캠핑을 즐길 수 있는 곳이 있다. 바로 난지캠핑장, 노을공원 캠핑장, 중랑 캠핑숲, 강동 그린웨이 가족캠핑장 등이 여기에 속한다. 서울에 살면서 멀리 있는 캠핑장으로 떠나기에는 시간이 넉넉치 않은 가족에게 적합하다. 텐트와 매트 같은 장비도 대여를 해주기 때문에 캠핑을 본격적으로 시작하기 전에 캠핑을 경험하기 좋으며 전기시설을 사용할 수 있는 곳도 있다.

캠핑 가서
무엇을 할까?

🏕 일반적으로 오토캠핑을 하지 않는 사람들은 캠핑장에서 무엇을 하며 지낼지 궁금해한다. 캠핑을 힘들게 장비를 챙겨 가서 밥만 해먹고 쉬었다 오는 정도로 생각하는 경우도 있다. 실제로 그렇기는 하다. 그러나 아이들과 함께 힘을 합해 텐트를 치고, 아이들과 함께 요리를 하면서 시간을 갖는 것 자체가 곧 캠핑이다. 시원하고 상쾌한 공기를 마시면서 금방이라도 쏟아질 듯한 별들을 보면서 자연을 즐길 수 있다는 것만으로도 캠핑의 묘미를 느낄 수 있다. 맛있는 캠핑 요리를 하고 바비큐를 먹는 것은 캠핑의 또 다른 즐거움이다.

캠핑장 주변의 자연은 아이들에게 최고의 놀이터다.

숲길 걸으며 자연을 온몸으로 느끼기

국립공원이나 휴양림으로 캠핑을 갔을 경우에는 텐트를 치는 곳도 숲속이
다. 간단하게 식사를 하고 온 가족이 손을 잡고 숲길을 걸어보자. 새소리가
들리고 숲길 옆으로는 계곡물 흐르는 소리가 들린다. 일상에서 쌓인 스트레
스를 한 방에 날릴 수 있는 시간이다.

곤충이나 동식물을 관찰하기

식물원이나 동물원의 곤충이나 동식물 관찰이 아니라 자연 그대로의 모습을 보는 것이다. 망원경을 준비해서 새도 관찰을 하고 돋보기를 준비해서 아이들과 곤충도 보자. 아이들은 책에서만 보았던 생태의 신비함을 만날 수 있다.

별과 달을 관찰하기

굳이 천체 망원경을 준비하지 않더라도 쏟아질 듯한 별들을 보는 것만으로도 아이들은 강한 인상을 받는다. 돗자리를 펴고 온 가족이 나란히 누워서 별자리를 찾아 보자. 달의 변하는 모습을 관찰하고 아이들에게 달의 모습을 그리게 하는 것도 좋다.

MTB나 사륜 오토바이 타고 레저 활동 즐기기

캠핑을 떠나면서 자전거를 싣고 떠나는 가족이 있는데, 자전거는 현지에서 빌려 타는 것이 좋다. 짐이 너무 많아지기 때문이다. 캠핑장에 따라서 주위에 사륜 오토바이를 탈 수 있는 곳이 있다.

캠핑 요리는 뭐가 맛있을까?

캠핑장에서 하는 식사는 자연을 반찬으로 삼아 더욱 특별하다. 바비큐, 꼬치구이, 군고구마 등 아파트에서는 엄두도 내지 못할 연기 나는 음식을 맘껏 해먹을 수 있다. 계곡물이 흐르는 소리나 파도 소리를 들으면서 식사를 할 수 있는 이곳에서는 풋고추에 된장만 찍어 먹어도 맛있다. 더구나 아빠가 요리하는 모습을 보면 아이들은 매우 즐거워한다. 재료는 간편히 해먹을 수 있도록 미리 준비를 해가면 좋다.

캠핑에서 식사를 위해 피운 불은 난로와 조명 등 다양한 역할을 한다.

계곡이나 바다에서 물놀이하기

여름이라면 계곡이나 바닷가에서 물놀이를 하는 것만으로 아이들은 하루 해가 어떻게 지는 줄 모른다. 이때는 텐트 가까이에 바다와 계곡이 있는 곳이 좋다. 평상시에 테마 별로 우리 가족이 가고 싶은 캠핑장의 목록을 만들어 보자. 적합한 캠핑장 정보를 얻어 예약을 하는 것만으로 캠핑 여행 준비는 끝난다.

어항이나 낚시로 물고기 잡기

아이들은 물고기 잡는 것을 아주 좋아한다. 대나무 낚시대로 작은 물고기가 잡혔을 때 지르는 아이들의 환호성을 보고 웃지 않는 아빠가 있을까. 물고기 잡는 어항을 하나 만들어 안에 된장을 넣고 물속에 넣어두고 몇 시간 후에 다시 가 보자. 수족관의 물고기와는 비교할 수 없는 즐거움을 줄 것이다.

카약이나 카누를 타고 물살 가르기

캠핑을 가서 카누를 탄다? 상상만 해도 즐거운 일이다. 대형 SUV를 가지고 캠핑을 즐기는 가족 중에는 계곡, 호수, 바다 등에서 고무보트를 타기도 한다. 그러나 짐이 늘어 이동의 불편함이 있고 장비를 구입하는 데 필요한 비용이 만만치 않기 때문에 아직은 일반화는 안 되어 있다.

갯벌 체험하며 게와 조개 잡기

서해안 바닷가에 텐트를 쳤을 때 아이들은 게와 조개를 잡느라 시간 가는 줄 모르고 놀았다. 잡아온 조개를 조개탕을 끓이자 집에서는 조개탕이라면 고개를 설레설레 흔들던 아이들도 맛있게 먹는다.

캠프파이어 하기

아이들이 제일 좋아하는 것이 화로대에 장작을 태우는 것이다. 캠핑장에서 먹는 숯불구이와 바비큐 맛은 세상 최고의 맛. 어쩌면 바로 그 맛 때문에 캠핑을 하는지 모르겠다. 화로대에 구워 먹는 고구마나 감자 맛도 역시 좋다. 캠핑 장비 구입시 필수 항목은 아니지만 캠프파이어를 위한 화로대와 나무와 나무 사이를 연결하는 그물망인 해먹 하나 정도는 꼭 구입하는 것이 좋다. 아이들에게 최고의 즐거움을 선사할 것이다.

01
지하철로 떠나는
서울 나들이108

서울 시내 나들이를 할 경우에는 막히는 도로와 차들로 빼곡히 들어선 주차장의 상황을 고려해서 지하철을 타고 둘러 보는 것이 현명하다. 서울 지하철은 9호선까지 개통이 되어 있고 거미줄처럼 얽혀 있어 어디를 가야 볼 만한 곳이 있는지 찾기가 쉽지 않다. 지하철로 떠나는 서울 나들이를 위하여 지역별로 가볼 만한 나들이 장소를 묶었다. 홍반장이 추천하는 장소뿐만 아니라 블로그 이웃들이 추천하는 곳도 함께 포함했다.

강남권 (지하철 2호선 삼성역)
코엑스 아쿠아리움, 풀무원 김치박물관, 코엑스 전시장

과천권 (지하철 4호선 대공원역)
서울대공원 동물원, 서울대공원 어린이 동물원 & 장미원, 국립현대미술관, 한국카메라박물관, 국립과천과학관, 경마장(4호선 경마공원역)

광화문권 (지하철 5호선 광화문역)
광화문 광장, 국립고궁박물관, 경복궁, 수문장교대의식, 청계천, 서울역사박물관, 신문박물관, 한국금융사박물관

난지도권 (6호선 월드컵경기장역)
하늘공원, 평화의공원, 난지천공원, 노을공원캠핑장, 난지지구캠핑장, 서울월드컵경기장

당산권 (지하철 2호선·9호선 당산역)
선유도공원, 한강 요트마리나, 과자박물관 스위트팩토리

능동권 (지하철 5호선 아차산역, 7호선 어린이대공원역)
어린이대공원, 어린이회관

대학로권 (지하철 4호선 혜화역)
대학로 마로니에공원, 서울대 의학박물관, 로봇박물관, 꼭두박물관, 짚풀생활사박물관, 쇳대박물관, 국립서울과학관

동대문권 (지하철 1호선·4호선 동대문역)
동대문(흥인지문), 동대문시장, 동대문역사문화공원, 문구도매거리

뚝섬권 (지하철 2호선 뚝섬역)
서울숲, 곤충식물원, 수도박물관

반포권 (3호선·7호선·9호선 고속버스터미널역)
한강공원 반포지구, 서래섬, 플로팅아일랜드, 반포대교 무지개분수

삼청동권 (지하철 3호선 안국역)
북촌 한옥마을, 국립민속박물관, 국립민속어린이박물관, 삼청동·가회동(가회민화박물관, 동림배듭박물관, 서울닭문화관, 인문학박물관, 한상수자수박물관 등 박물관 5종 패키지) 창덕궁

서대문권 (지하철 3호선 독립문역)

서대문형무소역사관, 독립공원, 농업박물관, 경찰박물관(5호선 서대문역)

서초권 (지하철 3호선 남부터미널)

예술의전당, 오페라하우스, 국립국악원, 국립국악박물관, 대법원 법원전시관(2호선 서초역)

성북동권 (지하철 4호선 한성대입구(삼선교)역)

성북동 골목길, 만해 한용운 심우장, 간송미술관, 수연산방, 서울성 곽 순례길 3코스, 길상사(셔틀 이용)

시청권 (지하철 1호선·2호선 시청역)

시청광장, 덕수궁, 덕수궁 미술관, 정동극장 & 정동교회, 서울시 립미술관, 한국은행화폐금융박물관

여의도권 (지하철 9호선 샛강역)

63시티(63수족관, 63 왁스뮤지엄, 63 스카이아트, 63 아이맥스 3D), 여의도 샛강생태공원, 한강유람선, 여의도공원(5호선 9호선 여의도역, 9호선 국회의사당역), 엘지사이언스홀(5호선 여의나 루역)

올림픽공원권
(지하철 5호선 올림픽공원역, 8호선 몽촌토성역)

올림픽공원, 몽촌토성

용산권 (지하철 4호선·중앙선 이촌역)

전쟁기념관(삼각지역), 국립중앙박물관, 국립중앙박물관 어린이박물관, 용산가족공원(이촌역)

인사동권 (지하철 3호선 안국역)

인사동, 쌈지길, 경인미술관, 운현궁

잠실권 (지하철 2호선·8호선 잠실역(송파구청))

롯데월드어드벤처, 롯데민속박물관, 삼성어린이박물관, 석촌호수, 키자니아

종로권 (지하철 1호선·3호선·5호선 종로3가역)

종묘, 창경궁, 청계천

충무로권 (지하철 4호선 충무로역)

남산, N서울타워, 테디베어뮤지엄, 남산공원, 남산한옥마을, 남산국악당, 타임캡슐광장

02
다시 가고 싶은
가족 여행지 675

'다시 가고 싶은 가족 여행지' 는 홍반장의 이웃 블로거들과 함께 선정했다. 그 만큼 아이들을 데리고 갈 만한 최고의 여행지를 선정했다. 아이들이 자라는 것은 순간이다. 많은 것을 보고 다양한 것을 체험하는 것 만큼 좋은 학습은 없다.

서울특별시, 경기도

서울특별시 (http://www.visitseoul.net/)

경복궁, 국립고궁박물관, 국립국악원, 국립국악박물관, 국립민속박물관(어린이박물관), 국립 서울과학관, 국립중앙박물관(어린이박물관), 국립현충원, 국회의사당, 경찰박물관, 남산국악 당, 남산분수대, 남산케이블카, 남산테디베어뮤지엄, 남산한옥마을, 농업박물관, 대법원 법 원전시관, 덕수궁(미술관), 독립공원, 로봇박물관, 롯데월드, 북서울꿈의숲, 북촌한옥마을, 삼 청동, 서대문자연사박물관, 서대문형무소박물관, 서울광장, 서울대학교 의학박물관, 서울서 예박물관, 서울성곽길, 서울숲, 서울시립미술관, 서울애니메이션센터, 서울역사박물관, 석촌 호수, 신문박물관, 암사동선사유적지, 어린이대공원, 여의도벚꽃축제, 예술의전당, 올림픽공 원, 용산가족공원, 용산전쟁기념관, 운현궁, 월드컵공원, 종묘, 잠실종합운동장, 창경궁, 창덕 궁, 청와대, 코엑스아쿠아리움, 키자니아, 트롱프뢰유뮤지엄, 하늘공원, 한강공원(반포무지개 분수, 서래섬), 화폐금융박물관, 63씨월드, 63왁스뮤지엄

가평군 (http://www.gptour.go.kr/)
아침고요수목원, 꽃무지물무지수목원, 쁘띠프랑스, 청평유원지

고양시 (http://www.visitgoyang.net/)
서삼릉, 원당종마목장, 중남미문화원, 테마동물원쥬쥬, 항공우주박물관

과천시 (http://www.gctour.go.kr/)
경마장중앙공원, 국립과천과학관, 국립현대미술관(어린이미술관), 서울대공원(어린이동물원), 한국카메라박물관

광명시 (http://www.gm.go.kr/)
나비야놀자박물관

구리시 (http://www.guri.go.kr/)
구리한강둔치꽃단지, 고구려대장간마을, 동구릉

김포시 (http://www.gimpo.go.kr/)
김포조각공원, 김포함상공원(대명함상공원), 덕포진교육박물관

남양주시 (http://www.nyj.go.kr/)
남양주종합촬영소, 수종사, 주필거미박물관

부천시 (http://www.bucheon.go.kr/)
물박물관, 뮤지엄만화규장각, 부천식물원, 로보파크, 아인스월드, 자연생태박물관, OBS방송역사체험관

성남시 (http://www.cans21.net/)
남한산성

수원시 (http://tour.suwon.ne.kr/)
수원화성행궁, KBS수원드라마센터

시흥시 (http://tour.siheung.go.kr/)
관곡지 연꽃테마파크, 갯골생태공원, 오이도

안양시 (http://www.anyang.go.kr/)
롤링볼뮤지엄, 별난물건박물관, 안양예술공원

안산시 (http://www.iansan.net/)
시화방조제, 안산갈대습지공원, 안산식물원, 오이도, 유니스의정원

안성시 (http://tour.anseong.go.kr/)
고삼저수지, 너리굴문화마을, 바우덕이풍물공연, 서일농원, 안성맞춤박물관, 안성목장, 안성허브마을, 태평무전수관

양주시 (http://www.yangju.go.kr/)
송암천문대, 장흥아트파크, 필룩스조명박물관

양평군 (http://tour.yp21.net/)
경기도민물고기연구소, 두물머리, 들꽃수목원, 바탕골예술관, 산음자연휴양림, 석창원, 세미원, 양평레일바이크, 용문사, 용문산 자연휴양림

여주군 (http://www.yj21.net/)
목아박물관, 신륵사, 주록리사슴마을, 해여림식물원

오산시 (http://www.osan.go.kr/)
물향기수목원

용인시 (http://www.yonginsi.net/)
경기도박물관, 경기도국악당, 백남준아트센터, 삼성화재교통박물관, 에버랜드, 와우정사, 한국민속촌, 한택식물원, 호암미술관, 정통정원 희원

이천시 (http://www.icheon.go.kr/)
도자기마을, 산수유마을, 설봉공원, 이천세계도자센터

인천광역시 (http://www.incheon.go.kr/)

고인돌(장화지석묘), 강화나들길1코스, 동막해수욕장, 마니산, 역사박물관, 옥토끼우주센터, 용두레마을, 석모도, 전등사, 적석사, 국립생물자원관, 백령도, 소래습지생태공원, 소래포구, 수도국산달동네박물관, 십리포해변, 에너지파크, 인천대공원, 인천문학야구장, 장경리해수욕장, 차이나타운

의왕시 (http://www.uw21.net/)

의왕시 자연학습장, 철도박물관

파주시 (http://tour.paju.go.kr/)

도라산평화공원, 벽초지문화수목원, 임진각 평화누리공원, 파주영어마을, 헤이리마을

포천시 (http://tour.pcs21.net/)

국립수목원, 명성산, 백운계곡, 뷰식물원, 아트밸리, 아프리카예술박물관, 산정호수, 서운동산, 신북온천 환타지움, 중남미문화원, 평강식물원, 허브아일랜드

화성시 (http://www.hscity.net/)

궁평항, 우리꽃식물원, 화성온천

강원도

강릉시 (https://tour.gangneung.go.kr/)
강릉통일공원, 금진항유람선, 심곡항, 썬크루즈리조트공원, 정동진해변, 하슬라아크월드

삼척시 (http://tour.samcheok.go.kr/)
대금굴, 삼척민물고기전시관, 삼척바다열차, 삼척해양레일바이크, 환선굴

속초시 (http://sokchotour.com/)
비선대, 설악산케이블카, 설악워터피아, 설악테디베어팜, 속초등대전망대, 속초시립박물관, 신흥사, 아바이마을(갯배), 울산바위, 척산온천

양양군 (http://tour.yangyang.go.kr/)
오산리선사유적박물관

정선군 (http://www.ariaritour.com/)
아라리촌, 아우라지, 정선레일바이크, 정선5일장, 화암동굴

태백시 (http://tour.taebaek.go.kr/)
구와우해바라기축제, 매봉산 바람의언덕, 석탄박물관, 용연동굴, 태백산 눈축제, 추전역, 함백산 들꽃구경, 황지연못

평창군 (http://www.yes-pc.net/)
대관령삼양목장, 대관령눈꽃축제, 방아다리약수터, 상원사, 신재생에너지전시관, 알펜시아눈썰매장, 오션700워터파크, 와카푸카어린이과학체험관, 양떼목장, 월정사(전나무숲길), 진부평창송어축제, 한국앵무새학교, 한국자생식물원, 허브나라

춘천시 (http://tour.chuncheon.go.kr/) ·
남이섬, 소양강댐, 청평사

화천군 (http://tour.ihc.go.kr/)
화천토고미마을, 평화의댐, 파로호, 종박물관, 산소길, 산천어축제장

충청북도

단양군 (http://tour.dy21.net/)
고수동굴, 단양8경(구담봉, 도담삼봉, 사인암, 상선암, 석문, 옥순봉, 중선암, 하선암), 소백산
철쭉제, 온달산성

옥천군 (http://www.oc.go.kr/)
옥천 구읍, 육영수 여사 생가, 정지용 시인 생가, 춘추민속관

제천시 (http://www.okjc.net/tour)
능강솟대문화공간, 명암산채건강마을, 의림지, 청풍랜드, 한방명의촌

청원군 (http://tour.puru.net/)
청남대

청주시 (http://www.cjcity.net/)
국립청주박물관, 상당산성, 수암골, 청주고인쇄박물관

충청남도

공주시 (http://www.gongju.go.kr/)
국립공주박물관, 공산성, 공주한옥마을, 무령왕릉

당진군 (http://tour.dangjin.go.kr/)
삽교호 함상공원, 아크로랜드 태신목장

대전광역시 (http://www.daejeon.go.kr/)
국립중앙과학관, 뿌리공원 족보박물관, 엑스포과학공원

보령시 (http://ubtour.go.kr/)
대천해수욕장, 보령석탄박물관

부여군 (http://www.buyeotour.net/)
국립부여박물관, 낙화암, 백제역사문화관, 부소산성, 정림사지박물관

아산시 (http://www.asan.go.kr/)
공세리성당, 세계꽃식물원, 아산스파비스, 외암민속마을, 피나클랜드, 현충사

연기군 (http://tour.yeongi.go.kr/)
베어트리파크

예산군 (http://www.yesan.go.kr/culture/)
김정희 선생 고택, 덕산온천, 수덕사, 한국고건축박물관

서산시 (http://www.seosantour.net/)
간월암, 개심사, 서산류방택천문기상과학관, 해미읍성, 서산마애삼존불상

천안시 (http://www.cheonan.go.kr/culture/)
독립기념관

태안군 (http://tour.taean.go.kr/)
만리포해변, 몽산포해변, 백리포해변, 사목해변, 안면도꽃지해변, 안면도휴양림, 안면암, 천리포해변, 천리포수목원, 팜카밀레허브농원

전라북도

고창군 (http://culture.gochang.go.kr/)
고인돌박물관&고인돌 유적지, 고창 서정주생가, 고창읍성(모양성), 보리나라 학원농장, 문수사, 선운사

남원시 (http://tour.namwon.go.kr/)
광한루, 지리산둘레길, 춘향테마파크

담양군 (http://tour.damyang.go.kr/)
담양관방제림, 메타세콰이어 가로수길, 소쇄원, 죽녹원, 한국대나무박물관

부안군 (http://www.buan.go.kr/02tour/)
고사포해변, 곰소염전, 곰소항, 내소사, 누에타운, 새만금방조제, 영상테마파크, 직소폭포, 채석강

완주군 (http://tour.wanju.go.kr/)
대둔산

전주시 (http://tour.jeonju.go.kr/)
국립전주박물관, 경기전, 덕진공원, 오목대, 전동성당, 전주한옥마을, 한옥생활체험관

진안군 (http://www.jinan.go.kr/)
마이산, 마이산탑사

전라남도

강진군 (http://tour.gangjin.go.kr/tour/)
강진청자박물관, 김영랑 생가, 다산초당, 백련사

고흥군 (http://tour.goheung.go.kr/)
나로우주센터 우주과학관, 남열해수욕장, 소록도, 팔영산

광양시 (http://www.gwangyang.go.kr/tour_culture/)
광양 청매실농원, 백운산자연휴양림

구례군 (http://culture.gurye.go.kr/)
사성암, 산수유마을, 지리산온천, 화엄사

보성군 (http://www.boseong.go.kr/)
대한다원, 봇재다원, 율포해수욕장(해수탕), 제암산자연휴양림

순천시 (http://tour.suncheon.go.kr/)
낙안읍성(민속마을), 선암사, 송광사, 순천드라마세트장, 순천만자연생태공원

신안군 (http://www.shinan.go.kr/)
증도 갯벌생태공원(전시관), 증도 태평염전, 소금박물관, 우전해수욕장, 짱뚱어다리

함평군 (http://www.hampyeong.go.kr/)
함평나비대축제

해남군 (http://tour.haenam.go.kr/)
보길도(고산 윤선도 유적지), 고천암철새도래지, 대흥사, 두륜산케이블카, 땅끝전망대, 미황사, 우수영관광지, 우항리공룡박물관

경상북도

경주시 (http://guide.gyeongju.go.kr/)
감은사지, 국립경주박물관(어린이박물관), 기림사, 대릉원, 독락당, 문무대왕릉, 불국사, 석굴암, 신라밀레니엄파크, 안압지, 양동마을, 옥산서원, 첨성대, 포석정

문경시 (http://tour.gbmg.go.kr/)
문경 레일바이크, 문경새재, 문경 석탄박물관

사천시 (http://www.toursacheon.net/)
비봉내마을

안동시 (http://www.tourandong.com/)

도산서원, 병산서원, 부용대, 하회마을, 안동민속촌, 안동한지공장, 월영교, 전통문화콘텐츠박물관, 하회세계탈박물관

영덕군 (http://www.yd.go.kr/)

강구항, 삼사해상공원, 영덕어촌민속전시관, 영덕풍력발전소(신재생에너지관), 칠보산자연휴양림, 해맞이공원

영주시 (http://tour.yeongju.go.kr/)

부석사, 선비촌, 죽령옛길

울릉군 (http://www.ulleung.go.kr/)

나리분지, 내수전옛길, 내수전일출전망대, 도동약수터, 도동항, 행남 해안산책로, 독도, 독도박물관, 독도전망대케이블카, 석포 일출전망대, 태하향목 관광모노레일, 죽도, 통구미 몽돌해변, 현포전망대

울진군 (http://tour.uljin.go.kr/)

구산해수욕장, 금강송 군락지, 백암온천

포항시 (http://phtour.ipohang.org/)

국립등대박물관, 구룡포항, 구룡포해수욕장, 로보라이프뮤지엄, 보경사, 산림수목원, 포스코박물관, 호미곶 등대, 호미곶 해맞이광장

경상남도

거제시 (http://tour.geoje.go.kr/)
바람의언덕, 산방산비원, 외도보타니아, 학동 몽돌해변, 해금강

거창군 (http://tour.geochang.go.kr/)
금원산자연휴양림

고성군 (http://vie.goseong.go.kr/)
고성공룡박물관, 상족암군립공원

김해시 (http://tour.gimhae.go.kr/)
국립김해박물관, 클레이아크미술관

남해군 (http://tour.namhae.go.kr/)
가천다랭이마을, 남해금산, 남해편백휴양림, 독일마을, 바람흔적미술관, 보리암, 죽방렴

부산광역시 (http://tour.busan.go.kr/)
경남경마공원, 누리마루, 동백공원, 부산아쿠아리움, 해양자연사박물관, 해운대해수욕장, 벡스코

밀양시 (http://www.miryang.go.kr/)
표충사

사천시 (http://www.toursacheon.net/)
사천항공우주박물관, 삼천포대교, 삼천포유람선

울산광역시 (http://www.ulsan.go.kr/)
대왕암공원, 울산대공원, 장생포 고래박물관(고래생태체험관)

창녕군 (http://tour.cng.go.kr/)
우포늪, 우포늪생태관, 화왕산군립공원

창원시 (http://culture.changwon.go.kr/)
주남저수지, 해양드라마세트장

통영시 (http://www.tongyeong.go.kr/)
동피랑마을, 박경리기념관, 전통공예관, 전혁림미술관, 충렬사, 한려수도 조망 케이블카, 해저터널

하동군 (http://tour.hadong.go.kr/)
섬진강 재첩마을, 차문화센터, 최참판댁, 화개장터

제주시

제주시 (http://cyber.jeju.go.kr/)
국립제주박물관(어린이박물관), 곽지과물해변, 공룡랜드, 김녕굴, 돌문화공원, 만장굴, 민속자연사박물관, 비자림, 삼성혈, 사라봉공원, 사려니숲길, 산굼부리, 용눈이오름, 용두암, 우도, 유리의성, 절물자연휴양림, 제주미니랜드, 제주축산진흥원목마장, 프쉬케월드, 한라생태숲, 한라수목원, 해녀박물관

서귀포시 (http://cyber.jeju.go.kr/)
가파도, 김영갑갤러리 두모악, 섭지코지, 생각하는정원, 산방산 용머리해안, 새섬(새연교), 성산일출봉, 성읍민속마을, 세계자동차제주박물관, 쇠소깍, 안덕계곡, 오설록티뮤지엄, 제주민속촌박물관, 제주올레길, 제주조각공원, 카멜리아힐, 테디베어뮤지엄

함께 추천한 33인의 블로거

샤런(sexysharon), Jessica(clear7222), 영빵맘(jjanga100), 아름별STARSSAM(mmoo5400), 초록바다(sunny691130), 김경효의경주사랑(elimegg), 누비리(anlee0122), 엔케이(enkaykim), 효민지혁(bootta21), 불가능한꿈(kairail), 샴푸(demmon128), 괴무리(yhleeoci), 미소태양(althxodid), 삐야기(ppoyayj), 내풀로(chulbugy), 남해바다(ryan0811), 야생화(queen227), 써니마일(ssnms), 재빈짱(kimcoco1), 장미씨(97mjson), 순둥papa(daramrec), 항상일만하는아빠(k234n), 옥소니안(kiathong), 댕이(neoppy), 제상우(sw2331), 강쥐(thailee_ohpy), 초윤싸랑해(k3620987), 상큼체리(pine4727), 별사랑(dophil), 지구별산책(smile061), 하하(bokdong2003), 풍경소리(alstjs7646), 데이지(kkumi92) 이상 댓글순.

가족여행전문가 홍반장의

아빠와 함께 하는
주말 나들이

1판 1쇄 펴낸날 | 2011. 6. 8
1판 4쇄 펴낸날 | 2013. 4. 5

지은이 | 김홍수
펴낸이 | 임후남

디자인 | 애드디자인
출 력 | 아이앤지
인 쇄 | 천일문화

펴낸곳 | 생각을담는집
주 소 | 서울시 양천구 목동 917-9 현대 41타워 3903
전 화 | 편집 070-8274-8587 영업 02-2168-3787
팩 스 | 02-2168-3786
전자우편 | mindprinting@hanmail.net

ISBN 978-89-94981-13-0 13980

* 이 책의 출판사 수익금 일부는 국제 어린이 구호단체인 〈컴패션〉에 기부됩니다.